AF388336

Die Deutsche Nationalbibliothek verzeichnet diese Publikation in der Deutschen Nationalbibliografie; detaillierte bibliografische Daten sind im Internet über http://dnb.dnb.de abrufbar.

Alle Rechte der verwendeten Bilder, Schaubilder und Grafiken liegen bei den Autoren. Die Benutzung dieses Buches und die Umsetzung der darin enthaltenen Informationen erfolgt ausdrücklich auf eigenes Risiko. Haftungsansprüche gegen den Verlag und die Autoren für Schäden materieller oder ideeller Art, die durch die Nutzung oder Nichtnutzung der Informationen bzw. durch die Nutzung fehlerhafter und/oder unvollständiger Informationen verursacht wurden, sind grundsätzlich ausgeschlossen. Rechts- und Schadenersatzansprüche sind daher ausgeschlossen. Das Werk inklusive aller Inhalte wurde unter größter Sorgfalt erarbeitet. Der Verlag und die Autoren übernehmen jedoch keine Gewähr für die Aktualität, Korrektheit, Vollständigkeit und Qualität der bereitgestellten Informationen. Druckfehler und Falschinformationen können nicht vollständig ausgeschlossen werden. Es kann keine juristische Verantwortung sowie Haftung in irgendeiner Form für fehlerhafte Angaben und daraus entstandenen Folgen vom Verlag bzw. den Autoren übernommen werden.

Aus Gründen der leichteren Lesbarkeit wird die gewohnte männliche Sprachform bei personenbezogenen Substantiven und Pronomen verwendet. Dies impliziert jedoch keine Benachteiligung des weiblichen Geschlechts, sondern soll im Sinne der sprachlichen Vereinfachung als geschlechtsneutral zu verstehen sein

Unterstützen Sie uns!

https://paypal.me/pools/campaign/108658673974407490

Die rein privat finanzierte Lehrbuchreihe für Trainings nach dem GWO-Standard und lebt auch von Ihrer Unterstützung. Das Ziel der Autoren ist es, diese Reihe kontinuierlich für alle GWO-Module fortzuführen und weiterzuentwickeln. Um diesem Ziel gerecht zu werden ist es u. a. notwendig die einzelnen Bände übersetzen zu lassen und für spezielle Themen Co-Autoren und Lektorate zu finanzieren. Durch Ihre Spende machen sie diesen Weg möglich.

Dieses Buch ist vom strukturellen Aufbau der einzelnen Kapitel an das Modul „Sea Survival" des GWO Basic Safety Training Standards angelehnt und soll das eigentliche Training bei einem zertifizierten Trainingsprovider begleiten, ergänzen sowie als Nachschlagewerk für die Teilnehmer dienen.

Es stellt weder eine Ergänzung oder eine Erweiterung der GWO-Standards dar, noch ist es von der Global Wind Organisation (GWO) als Seminarunterlage autorisiert. Weiterführende Informationen zur GWO finden Sie unter www.globalwindsafety.org.

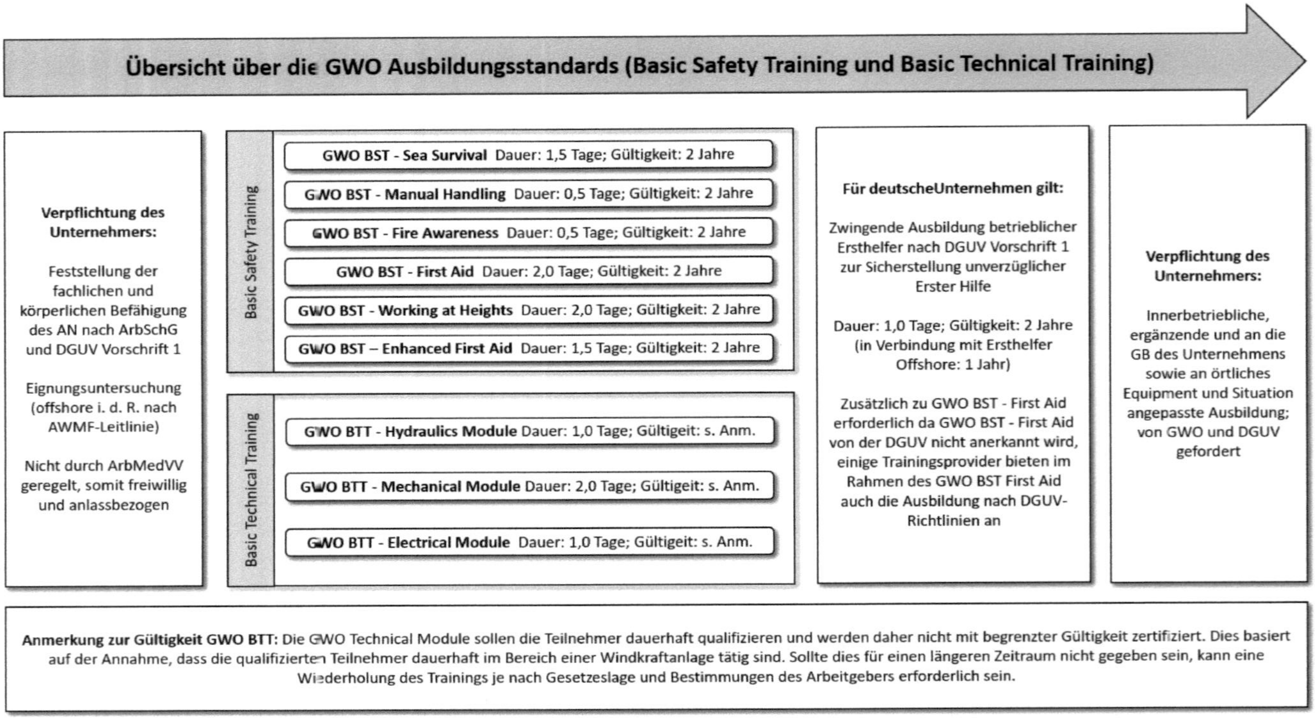

Übersicht über die GWO Ausbildungsstandards (Basic Safety Training und Basic Technical Training)

Verpflichtung des Unternehmers:

Feststellung der fachlichen und körperlichen Befähigung des AN nach ArbSchG und DGUV Vorschrift 1

Eignungsuntersuchung (offshore i. d. R. nach AWMF-Leitlinie)

Nicht durch ArbMedVV geregelt, somit freiwillig und anlassbezogen

Basic Safety Training

GWO BST - Sea Survival Dauer: 1,5 Tage; Gültigkeit: 2 Jahre

GWO BST - Manual Handling Dauer: 0,5 Tage; Gültigkeit: 2 Jahre

GWO BST - Fire Awareness Dauer: 0,5 Tage; Gültigkeit: 2 Jahre

GWO BST - First Aid Dauer: 2,0 Tage; Gültigkeit: 2 Jahre

GWO BST - Working at Heights Dauer: 2,0 Tage; Gültigkeit: 2 Jahre

GWO BST – Enhanced First Aid Dauer: 1,5 Tage; Gültigkeit: 2 Jahre

Basic Technical Training

GWO BTT - Hydraulics Module Dauer: 1,0 Tage; Gültigeit: s. Anm.

GWO BTT - Mechanical Module Dauer: 2,0 Tage; Gültigeit: s. Anm.

GWO BTT - Electrical Module Dauer: 1,0 Tage; Gültigeit: s. Anm.

Für deutscheUnternehmen gilt:

Zwingende Ausbildung betrieblicher Ersthelfer nach DGUV Vorschrift 1 zur Sicherstellung unverzüglicher Erster Hilfe

Dauer: 1,0 Tage; Gültigkeit: 2 Jahre (in Verbindung mit Ersthelfer Offshore: 1 Jahr)

Zusätzlich zu GWO BST - First Aid erforderlich da GWO BST - First Aid von der DGUV nicht anerkannt wird, einige Trainingsprovider bieten im Rahmen des GWO BST First Aid auch die Ausbildung nach DGUV-Richtlinien an

Verpflichtung des Unternehmers:

Innerbetriebliche, ergänzende und an die GB des Unternehmens sowie an örtliches Equipment und Situation angepasste Ausbildung; von GWO und DGUV gefordert

Anmerkung zur Gültigkeit GWO BTT: Die GWO Technical Module sollen die Teilnehmer dauerhaft qualifizieren und werden daher nicht mit begrenzter Gültigkeit zertifiziert. Dies basiert auf der Annahme, dass die qualifizierten Teilnehmer dauerhaft im Bereich einer Windkraftanlage tätig sind. Sollte dies für einen längeren Zeitraum nicht gegeben sein, kann eine Wiederholung des Trainings je nach Gesetzeslage und Bestimmungen des Arbeitgebers erforderlich sein.

Übersicht über die GWO Wiederholungsausbildung (Basic Safety Training Refresher Module)

Verpflichtung des Unternehmers:

Feststellung der fachlichen und körperlichen Befähigung des AN nach ArbSchG und DGUV Vorschrift 1

Eignungsuntersuchung (offshore i. d. R. nach AWMF-Leitlinie)

Nicht durch ArbMedVV geregelt, somit freiwillig und anlassbezogen

Basic Safety Training Refresher

- **GWO BSTR - Sea Survival** Dauer: 1,0 Tage; Gültigkeit: 2 Jahre.
- **GWO BSTR - Manual Handling** Dauer: 0,5 Tage; Gültigkeit: 2 Jahre.
- **GWO BSTR - Fire Awareness** Dauer: 0,5 Tage; Gültigkeit: 2 Jahre.
- **GWO BSTR - First Aid** Dauer: 1,0 Tage; Gültigkeit: 2 Jahre.
- **GWO BSTR - Working at Heights** Dauer: 1,0 Tage; Gültigkeit: 2 Jahre.

Anmerkung zu GWO BSTR – Working at Heights: Für die Benutzung von persönlicher Schutzausrüstung (PSAgA) existieren in Deutschland seitens der DGUV eindeutige Vorgaben (DGUV Regel 112-198 und 199). Danach muss eine Training (egal nach welchem Standard) für die Benutzung von PSAgA **jährlich** wiederholt werden, unabhängig davon dass das GWO Training laut GWO Standard 2 Jahre gültig ist.

Für deutsche Unternehmen gilt:

Zwingende Ausbildung betrieblicher Ersthelfer nach DGUV Vorschrift 1 zur Sicherstellung unverzüglicher Erster Hilfe

Dauer: 1,0 Tage; Gültigkeit: 2 Jahre (in Verbindung mit Ersthelfer Offshore: 1 Jahr)

Zusätzlich zu GWO BST - First Aid erforderlich da GWO BST - First Aid von der DGUV nicht anerkannt wird, einige Trainingsprovider bieten im Rahmen des GWO BST First Aid auch die Ausbildung nach DGUV-Richtlinien an

Verpflichtung des Unternehmers:

Innerbetriebliche, ergänzende und an die GB des Unternehmens sowie an örtliches Equipment und Situation angepasste Ausbildung; von GWO und DGUV gefordert

Für alle Refresher-Trainings gilt: Voraussetzung für den Besuch des Trainings ist immer ein gültiges und anerkanntes Vorgängerzertifikat! Zertifikate, die Ihren Gültigkeitszeitraum überschritten haben oder bezüglich der GWO Module von einer nicht zertifizierten Ausbildungsstätte ausgegeben wurden, können nicht anerkannt werden. GWO Trainings können nicht auf Basis eines anderen, nicht dem GWO-Standard entsprechenden Trainings aufgefrischt werden.

Inhaltsverzeichnis

5. Sicherer Transfer

6. Rettungskonzepte

7. Person über Bord

8. SAR und GMDSS

9. Praktisches Training

10. Abkürzungsverzeichnis

1. Generelle Informationen zum Trainingsinhalt und -ablauf

1.1. Sicherheitsbelehrung und Notfallprozeduren
Das Training wird im Team unter Anleitung qualifizierter Trainer durchgeführt, deren Anweisungen und Hinweisen unbedingt Folge zu leisten ist.

Das Sea-Survival-Training stellt generell hohe Anforderungen an die Sicherheit während des Trainings. Es ist aber auch unabdingbar mit einem gewissen Risikobewusstsein und einem entsprechenden Gesundheitszustand der Teilnehmer verbunden. Das Gefährdungspotenzial und die Anforderungen an den Gesundheitszustand der Teilnehmer während des Trainings entsprechen in etwa der Realität am (zukünftigen) Arbeitsplatz.

Die Sicherheitsbelehrung wird immer auf den gültigen internen Notfallprozeduren des jeweiligen Trainingsproviders basieren. Besprochen werden müssen u. a. Notausgänge, Rettungsketten, Verantwortlichkeiten im Falle eines Notfalls, Sammelplätze, Alarmsignale sowie Standorte der Notfallausrüstung und Telefone.

1.2. Örtliche Gegebenheiten
Um den Teilnehmern den Aufenthalt beim Trainingsprovider möglichst komfortabel zu gestalten, wird ihnen ein Überblick über die wichtigsten Örtlichkeiten und Wege im Gebäude und zu den Trainingsanlagen gegeben. Dazu zählen in der Regel die Büros der organisatorischen und administrativen Ansprechpartner für das Training, Umkleideräume, Toiletten, Cafeteria bzw. Restaurant, Aufenthaltsräume etc.

1.3. Einführung ins Training
Jedes Unternehmen hat sicherzustellen, dass alle möglichen Risiken in einem konkreten Arbeitsumfeld minimiert werden und dass die Mitarbeiter für das Verhalten in Risikosituationen ausgebildet sind, sowohl bei Erstantritt ihrer Tätigkeit, als auch wiederholt in festgelegten Zeitabständen. Das GWO Sea-Survival-Training muss nach den GWO-Standards alle zwei Jahre wiederholt werden. Für diese nachweispflichtigen Trainings können externe Unternehmen, sogenannte Trainingsprovider, herangezogen werden. Sie verfügen in der Regel über das für das Training benötigte Equipment und über (nach den Vorschriften der GWO) ausgebildete und erfahrene Trainer.

Arbeiten in unmittelbarer Nähe eines Gewässers oder auf dem Wasser sind spezifischen Gefahren ausgesetzt. Gründliche Kenntnis der Gefahr, der Prävention, sowie das Handeln bei Seeunfällen sind überlebenswichtig.

Die Trainings sind nach geltenden Richtlinien und Normen durchzuführen. Der Unternehmer legt fest, nach welchen Anforderungen seine Arbeitnehmer ausgebildet werden müssen. Die geltenden Gesetze, Normen und Bestimmungen sollten den Teilnehmern bekannt sein, bzw. bekannt gemacht werden. Das Training erfolgt in Einheit von Theorie und Praxis.

Den Abschluss des Trainings bildet die Auswertung und Beurteilung durch die Trainer und/oder eine Prüfung. Der Trainingsprovider muss und wird den erfolgreichen Abschluss des Trainings in der GWO-Datenbank „WINDA" mit dem Upload eines entsprechenden Datensatzes dokumentieren. Um das Training dem Teilnehmer zuordnen zu können, benötigt dieser eine sogenannte WINDA-ID, eine Identifikationsnummer, unter welcher alle von ihm absolvierten GWO-Trainings gespeichert werden. Nur ein in der Datenbank registriertes Training ist ein gültiges GWO-Training. Der Teilnehmer kann sich mithilfe seiner WINDA-ID die einzelnen Bestätigungen zu seinen Trainings herunterladen. Weiterführende Informationen zur WINDA-Datenbank sind im Internet auf der Webseite der GWO (www.globalwindsafety.org) zu finden. Zusätzlich wird das Training in der Regel im Sicherheitspass (Safety Logbook) des Teilnehmers dokumentiert.

1.4. Umfang und Ziele des Sea-Survival-Trainings
Die Anforderungen an die Qualifikation der Trainer sind im GWO-Standard beschrieben. Besonders das praktische Wissen der Trainer, aber auch dass der Kursteilnehmer soll sinnvoll eingebracht und trainiert werden. Sicherheit und gegenseitige Hilfe stehen im praktischen Training an erster Stelle. Diese Trainingseinheiten sind unmittelbar mit dem theoretischen Teil verknüpft.

Nach dem Training sollen sich die Teilnehmer der Gefahren sowie der Arbeits- und Lebensbedingungen an Offshore-Arbeitsplätzen bewusst sein. Es soll ein sicherheitsbewusstes Verhalten implementiert werden, um Unfälle und Gefahrensituationen möglichst im Vorfeld zu vermeiden. Sollte es trotz aller Vorsichtsmaßnahmen dennoch zu Notfällen kommen, ist es wichtig, dass das trainierte praktische Wissen möglichst intuitiv abrufbar und anwendbar ist.

Um diese Ziele zu erreichen, wird den Teilnehmern theoretisches Wissen

- Zur internationalen und nationalen Gesetzgebung
- Zu vorhersehbaren Gefahren, Kälteschock, Ertrinken
- Zur persönlichen und kollektiven Schutz- und Überlebensausrüstung
- Zum sicheren Überstieg
- Zu Notfall- und Evakuierungsplänen
- Zum Verhalten bei einem Person-über-Bord-Unfall
- Zur Seenotrettung (engl. SAR = Search and Rescue) und zu Notsignalen

vermittelt. Während des praktischen Trainings wird das erworbene theoretische Wissen angewandt.

1.5. Laufende Bewertung der Teilnehmerleistung
Die Trainer bewerten während des Trainings die Teilnehmer und dokumentieren ihre Leistung. Diese Dokumentation schreibt die GWO den Trainingsprovidern in ihren Standards vor. Allerdings ist dafür kein konkretes Vorgehen oder eine konkrete Form der Dokumentation vorgegeben. Somit entscheidet der Trainingsprovider selbst, wie die Dokumentation erfolgt. Eine mögliche Variante ist das Überprüfen des theoretischen Wissens mit Hilfe einer mündlichen oder schriftlichen Prüfung. Die praktischen Übungen werden dann entsprechend durch die Trainer bewertet und dokumentiert.

Grundsätzlich wird kein Trainingsprovider Interesse an einer hohen Durchfallquote bzw. einem paramilitärischen Drill haben. Ziel wird es immer sein, möglichst alle Teilnehmer sicher und gefahrlos durch das Training zu bringen. Dabei wird die individuelle Leistungsfähigkeit immer mitberücksichtigt werden. Letztlich soll auch der Teilnehmer das Wissen um seine persönlichen Leistungsgrenzen aus dem Training mitnehmen und lernen, diese zu akzeptieren. Nur so kann in einer Notfallsituation dem Leistungsvermögen der Beteiligten entsprochen und dieses berücksichtigt werden.

1.6. Motivation zum Training

Jeder Mitarbeiter, der an Offshore-Arbeitsplätzen tätig ist, sollte sich im ersten Schritt seines exponierten Arbeitsplatzes und der dort möglichen spezifischen Gefahren bewusst sein. Der zweite Schritt ist dann das konkrete Trainieren des Verhaltens in Notfallsituationen sowie des Umgangs mit dem dafür notwendigen Equipment. Die Sicherheit an Offshore-Arbeitsplätzen lebt zu einem großen Teil von der standardisierten Ausbildung aller beteiligten Mitarbeiter. Nur ein gut und nach den gleichen Standards ausgebildeter Kollege kann im Notfall wirksam Hilfe leisten. Diesen Anspruch sollte jeder Teilnehmer an sich selbst und an seine Kollegen stellen. Da ein Training lediglich die Simulation einer Gefahrensituation darstellt, ist der Zeitraum des Trainings auch genau der richtige Zeitpunkt, um aus der Praxis offen gebliebene Fragen zu stellen und um unbekanntes Equipment in einem definierten Umfeld auszuprobieren.

2. Rechtsgrundlagen

Generell gilt für die Anwendbarkeit der Rechtsgrundlagen das sogenannte Territorialitätsprinzip, welches besagt, dass alle Personen
der Hoheitsgewalt, also den Gesetzen des Staates unterworfen sind,
auf dessen Territorium sie sich jeweils befinden. Das Territorium
eines Staates wird als Hoheitsgebiet bezeichnet und stellt den
Raum dar, innerhalb dessen ein Staat seine Staatsgewalt ausübt.
Im Seerechtsübereinkommen (SRÜ) der Vereinten Nationen (UN) ist
geregelt, dass das Küstenmeer (12 Seemeilen), soweit vorhanden, zu
dem Hoheitsgebiet des jeweiligen Staates zählt. Deshalb spricht man
auch von den Hoheitsgewässern bzw. der 12-Meilen-Zone des jeweiligen Staates. In diesem gilt seine Gesetzgebung uneingeschränkt.

Als ausschließliche Wirtschaftszone (AWZ) wird nach Art. 55 SRÜ
das Gebiet jenseits des Küstenmeeres bis zu einer Erstreckung
von 200 Seemeilen ab der Basislinie bezeichnet (daher auch
200-Meilen-Zone), in dem der angrenzende Küstenstaat in
begrenztem Umfang souveräne Rechte und Hoheitsbefugnisse
wahrnehmen kann, insbesondere das alleinige Recht zur wirtschaftlichen Ausbeutung einschließlich der Nutzung der Windenergie (vgl.
im einzelnen Art. 55 bis 75 SRÜ).

Alle Teile des Meeres, die nicht zur ausschließlichen Wirtschaftszone,
zum Küstenmeer oder zu den inneren Gewässern eines Staates oder
zu den Archipelgewässern eines Archipelstaats gehören, werden
nach Art. 86 SRÜ als hohe See bezeichnet. Sie sind damit frei von der
Ausübung staatlicher Hoheitsgewalt.

An Bord von Seeschiffen gelten, unabhängig von ihrer Position,
immer die jeweiligen nationalen Gesetze des Flaggenstaats.
Auf Schiffen unter deutscher Flagge muss zwischen Besatzung
und Passagieren unterschieden werden. Laut § 1 Abs. 2
Arbeitsschutzgesetz (ArbSchG) gilt dieses zum Beispiel nicht für die
Besatzung von Seeschiffen. Für Passagiere gilt es hingegen schon,
da diese nicht Bestandteil der Besatzung sind. Anders verhält es sich
mit den Unfallverhütungsvorschriften der für Schiffe unter deutscher Flagge zuständigen BG Verkehr. Diese gelten grundlegend, für
Besatzung und Passagiere.

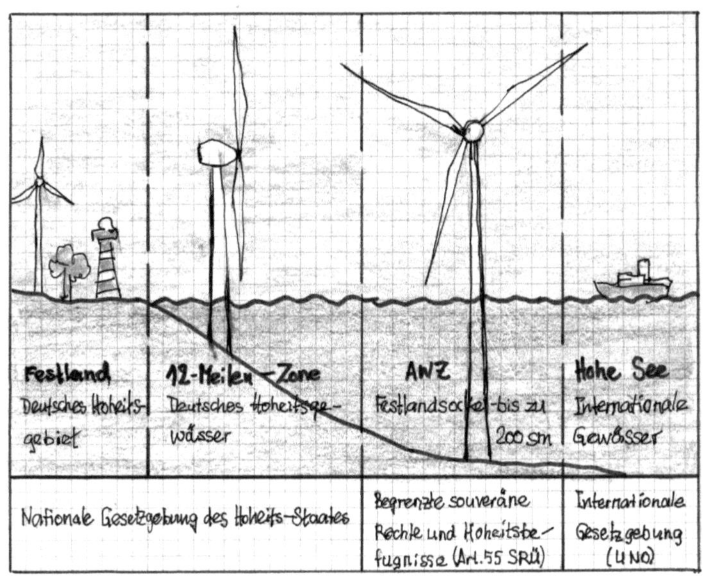

Abbildung 1, Definition der Geltungsbereiche

2.1. Internationale Gesetzgebung

Unter dem Dach der UN wirken verschiedene Organisationen mit ihren Richtlinien für die Einhaltung von Sicherheitsrichtlinien auf hoher See. Dabei spielt in der maritimen Wirtschaft und somit auch in der Offshore-Windenergie die Internationale Seeschifffahrtsorganisation IMO eine bedeutende Rolle. Diese hat verschiedene Konventionen verabschiedet. Von Bedeutung sind hier unter anderem:

- SOLAS (Internationales Übereinkommen zum Schutz des menschlichen Lebens auf See)
- STCW (Internationales Übereinkommen über Normen für die Ausbildung, die Erteilung von Befähigungszeugnissen und den Wachdienst von Seeleuten)
- MARPOL (Internationales Übereinkommen zum Schutz der Meeres-Umwelt)

Mitgliedsstaaten der Europäischen Union (EU) müssen laut EU-Vertrag EU-Richtlinien zwangsläufig in das nationale Recht umsetzen. Nur so werden sie in dem jeweiligen Mitgliedsstaat rechtlich wirksam. EU-Verordnungen hingegen werden in allen Mitgliedsstaaten unmittelbar wirksam.

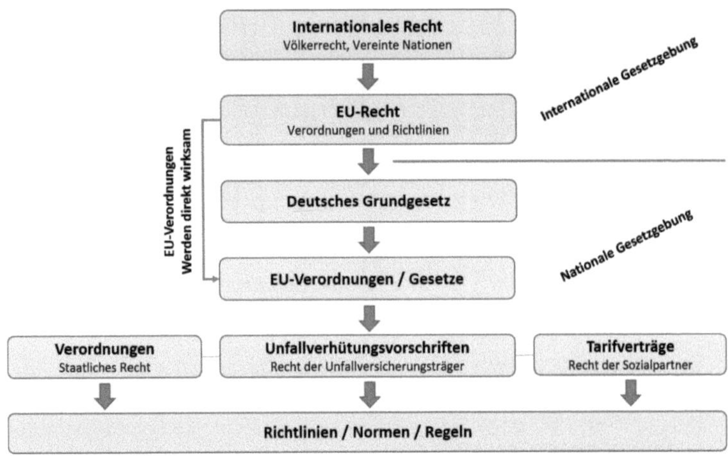

Abbildung 2, Aufbau der Gesetzgebung

2.2. Nationale Gesetzgebung

In Deutschland basieren alle deutschen Gesetze auf dem Grundgesetz (GG) und müssen mit diesem konform sein. Beispielsweise ist das Arbeitsschutzgesetz letztlich eine Spezifizierung des Grundgesetzes in Bezug auf das Recht auf körperliche Unversehrtheit nach § 2 Abs. 2. während der Ausübung einer beruflichen Tätigkeit. Unfallverhütungsvorschriften basieren wiederum auf den geltenden Gesetzen. Da in Deutschland das Prinzip der territorialen Gesetzgebung gilt, muss vor Anwendung eines Gesetzes immer dessen Geltungsbereich betrachtet werden. Deutsche Gesetzgebung endet somit grundsätzlich am Ende der 12-Meilen-Zone. In dem jeweiligen Gesetz kann dann eine Erweiterung des Geltungsbereiches bis in die AWZ festgelegt sein. Im ArbSchG findet sich beispielsweise dazu im § 1 Abs. 1 der folgende Wortlaut:

„Dieses Gesetz dient dazu, Sicherheit und Gesundheitsschutz der Beschäftigten bei der Arbeit durch Maßnahmen des Arbeitsschutzes zu sichern und zu verbessern. Es gilt in allen Tätigkeitsbereichen und findet im Rahmen der Vorgaben des Seerechtsübereinkommens der Vereinten Nationen vom 10. Dezember 1982 auch in der ausschließlichen Wirtschaftszone Anwendung.“

Gerade das ArbSchG ist ein Gesetz, auf dem viele Verordnungen basieren. Diese gelten uneingeschränkt im Geltungsbereich des Gesetzes. Spätestens im Bereich der hohen See findet jedes deutsche Gesetz das Ende seines Geltungsbereiches.

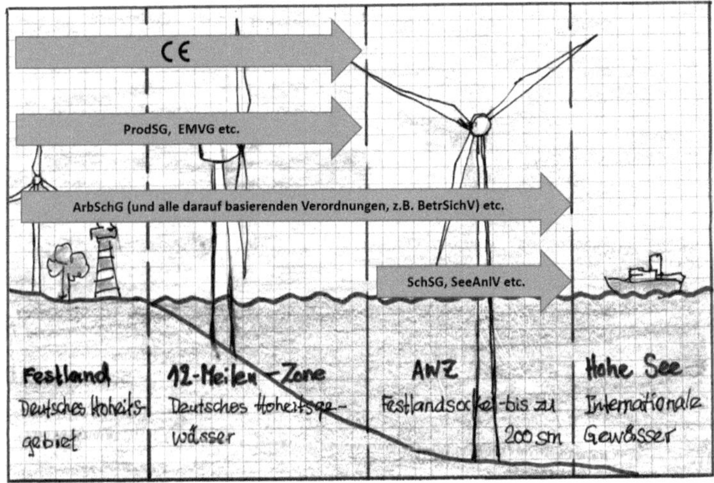

Abbildung 3, Geltungsbereiche der ausgewählter Gesetze

Der generelle Arbeitsschutz wird in Deutschland über drei unterschiedliche Wege gewährleistet:

- Staat (Gesetze, Verordnungen)
- Private Normgeber (Technische Regelwerke und Normen)
- Selbstverwaltung durch Deutsche Gesetzliche Unfallversicherung (DGUV) und Unfallkassen

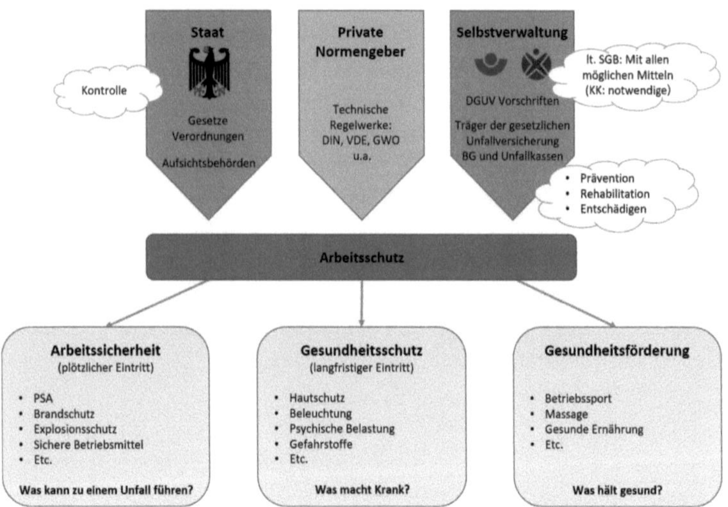

Abbildung 4, Organisation des Arbeitsschutzes in Deutschland

Die für den Arbeitsschutz zuständigen staatlichen Ämter und die Berufsgenossenschaften (BG) kontrollieren die Einhaltung der gesetzlichen Vorschriften. Da der Arbeitsschutz in der Verantwortung der einzelnen Bundesländer liegt, ist die Zuständigkeit der Ämter unterschiedlich geregelt.

Das ArbSchG, welches auch uneingeschränkt (inkl. aller darauf basierenden Rechtsvorschriften) in der deutschen AWZ gilt, bildet in Deutschland die Basis für den Arbeitsschutz. Danach ist der Unternehmer uneingeschränkt für die Umsetzung und Kontrolle aller Arbeitsschutzmaßnahmen verantwortlich. Er kann diese Verantwortungen delegieren; die grundsätzliche Verantwortung, unter anderem für die Auswahl (Auswahlverantwortung), verbleibt aber immer bei ihm. Eine grundsätzliche Organisation des Arbeitsschutzes im Betrieb kann man sich wie in folgender Abbildung vorstellen:

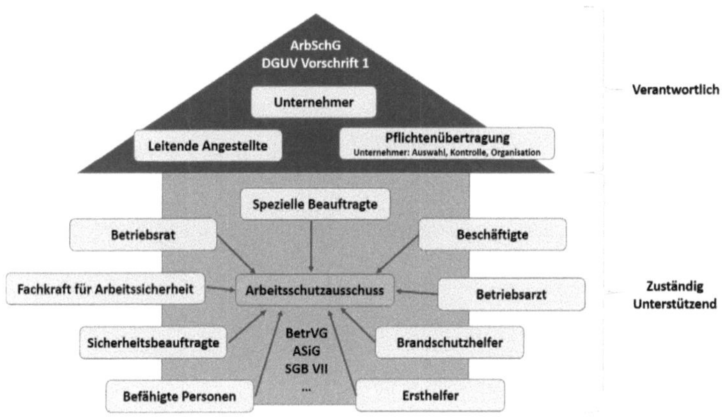

Abbildung 5, Verantwortlichkeiten im Arbeitsschutz

Grundlage für die Unternehmerpflichten ist die für jeden Arbeitsplatz im Arbeitsschutzgesetz geforderte Gefährdungsbeurteilung. Die Gefährdungsbeurteilung ist die systematische Ermittlung und Bewertung relevanter Gefährdungen der Beschäftigten mit dem Ziel, die erforderlichen Maßnahmen für Sicherheit und Gesundheit festzulegen. Alle Maßnahmen müssen auf ihre Wirksamkeit über-prüft und erforderlichenfalls angepasst werden.

Rechtsvorschriften, nach welchen eine Gefährdungsbeurteilung gefordert wird:

- Arbeitsstättenverordnung
- Betriebssicherheitsverordnung
- Gefahrstoffverordnung
- Biostoffverordnung
- Lärm- und Vibrations-Arbeitsschutzverordnung
- Arbeitsschutzverordnung zu künstlicher optischer Strahlung
- Arbeitsschutzverordnung zu elektromagnetischen Feldern
- Lastenhandhabungsverordnung
- Mutterschutzrichtlinienverordnung
- Eine Gefährdungsbeurteilung ist durchzuführen (Anlass):
- Bei Änderung von Vorschriften bzw. Veränderungen des Standes der Technik
- Nach Störfällen

- Nach dem Auftreten von Arbeitsunfällen, Beinaheunfällen, Berufskrankheiten oder anderen arbeitsbedingten Gesundheitsbeeiträchtigungen

Grundsätzlich ist eine Gefährdungsbeurteilung vor der Aufnahme der jeweiligen Tätigkeit durchzuführen; auch die erforderlichen Maßnahmen müssen vor Beginn der Tätigkeit umgesetzt werden.

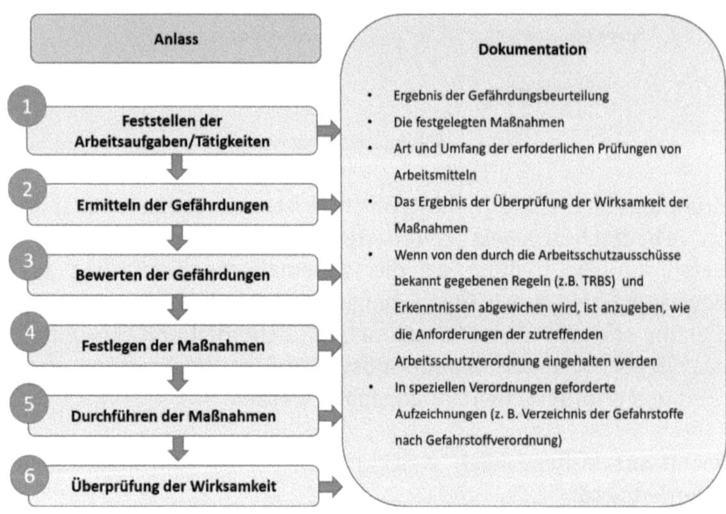

Abbildung 6, Vorgehen bei der Erstellung einer Gefährdungsbeurteilung

Allgemeine Grundsätze des Arbeitsschutzes:

- Die Arbeit ist so zu gestalten, dass eine Gefährdung für Leben und Gesundheit möglichst vermieden und die verbleibende Gefährdung möglichst geringgehalten wird
- Gefahren sind an ihrer Quelle zu bekämpfen
- Bei den Arbeitsschutzmaßnahmen sind der Stand der Technik, Arbeitsmedizin und Hygiene sowie sonstige gesicherte arbeitswissenschaftliche Erkenntnisse zu berücksichtigen
- Maßnahmen sind so zu planen, dass Technik, Arbeitsorganisation, sonstige Arbeitsbedingungen, soziale Beziehungen und Umwelt sachgerecht mit dem Arbeitsplatz verknüpft werden
- Individuelle Schutzmaßnahmen sind nachrangig zu anderen Maßnahmen

- Spezielle Gefahren für besonders schutzbedürftige Beschäftigtengruppen sind zu berücksichtigen (z. B. Schwangere, Jugendliche)
- Den Beschäftigten sind geeignete Anweisungen zu erteilen
- Mittelbar oder unmittelbar geschlechtsspezifisch wirkende Regelungen sind nur zulässig, wenn diese aus biologischen Gründen zwingend geboten sind

Darüber hinaus hat der Unternehmer weiterführende Anforderungen, zum Beispiel seitens der gesetzlichen Unfallversicherungsträger, zu erfüllen. Hier ist vor allem die DGUV Vorschrift 1 „Grundsätze der Prävention" zu nennen. In § 7 Abs. 1 findet man unter anderem auch die Grundlage aller Trainings und Ausbildungen der Mitarbeiter. Dort heißt es, dass bei der Übertragung von Aufgaben auf Beschäftigte der Arbeitgeber je nach Art der Tätigkeiten zu berücksichtigen hat, ob die Beschäftigten befähigt sind, die für die Sicherheit und den Gesundheitsschutz bei der Aufgabenerfüllung zu beachtenden Bestimmungen und Maßnahmen einzuhalten. Das sind sie in der Regel nur nach einer geeigneten Ausbildung.

Ein weiterer wichtiger Punkt wird sowohl im Arbeitsschutzgesetz als auch im Regelwerk der Berufsgenossenschaften gefordert. Gemeint ist hier die physische und psychische Eignung für den Arbeitsplatz. Pflicht des Arbeitgebers ist es, sich von eben dieser Eignung des Mitarbeiters zu überzeugen. Die Verordnung zur arbeitsmedizinischen Vorsorge (ArbMedVV) ist dazu nicht geeignet, da sie ausschließlich dem Gesundheitsschutz des Mitarbeiters dient und keine Eignungs- oder Tauglichkeitsuntersuchung ist.

Verordnung zur Arbeitsmedizinischen Vorsorge (ArbMedVV)

Pflichtvorsorge

- besonders gefährdende Tätigkeiten (Anhang ArbMedVV)
- Arbeitgeber muss veranlassen
- Beschäftigte müssen am Termin teilnehmen

Angebotsvorsorge

- gefährdende Tätigkeiten (Anhang ArbMedVV)
- Arbeitgeber muss anbieten
- Beschäftigte können annehmen oder ablehnen

Wunschvorsorge

- grundsätzlich alle Tätigkeiten
- Arbeitgeber muss ermöglichen
- Beschäftigte müssen aktiv werden (Wunsch äußern)

Arbeitsmedizinische Vorsorge beinhaltet:
1. Anamnese inkl. Arbeitsanamnese
2. körperliche oder klinische Untersuchungen bei Erforderlichkeit und nicht gegen den Willen
3. Beratung des Beschäftigten über Ergebnis
4. Vorsorgebescheinigung
5. Mitteilung von Mängeln und Vorschlag von Arbeitsschutzmaßnahmen an den Arbeitgeber

Die Vorsorgebescheinigung enthält Angaben **dass**, **wann** und **aus** welchem Anlass ein arbeitsmedizinischer Vorsorgetermin stattgefunden hat und wann eine weitere Vorsorge angezeigt ist.

Abbildung 7, ArbMedVV

Für Eignungs- oder Tauglichkeitsuntersuchungen existiert derzeit kein anwendbarer Rechtsrahmen. Einerseits hat der Unternehmer sich von Eignung des Mitarbeiters zu überzeugen, andererseits gibt es keine Möglichkeit, den Mitarbeiter gegen seinen Willen zur Konsultation des Arztes zu bewegen. Der einzige gangbare Weg ist letztendlich der Weg der Einsicht dahingehend, dass eine Eignungsuntersuchung beiden Parteien etwas nützt – der Arbeitgeber kommt seiner gesetzlichen Pflicht nach und der Arbeitnehmer erhält durch die Untersuchung weitgehende Informationen zu seinem Gesundheitszustand. Der Arzt kann sicher keinen Herzinfarkt oder dergleichen für die nächsten Jahre ausschließen, aber sicher kann eine Aussage zur Wahrscheinlichkeit getroffen werden. Sollte eine akute Erkrankung in großer Entfernung zur territorialen Infrastruktur auftreten, muss über deutlich schlechtere Überlebenschancen oder einen deutlich schlechteren Outcome gesprochen werden.

Die Untersuchung erfolgt in der Regel nach dem Regelwerk der Arbeitsgemeinschaft der Wissenschaftlichen Medizinischen Fachgesellschaften e. V. (AWMF). Für die Zukunft wird sicher für alle Beteiligten (Unternehmer, Betriebsarzt, SiFa, Betriebsrat, Mitarbeiter) die Herausforderung darin bestehen, negative Untersuchungsergebnisse sozial verträglich aufzufangen.

3. Gefährdungen, Kälteschock, Unterkühlung, Ertrinken

3.1. Gefährdungen

Offshore-Arbeitsplätze weisen grundsätzlich ein nicht unerhebliches zusätzliches Gefährdungspotenzial im Vergleich zu anderen Arbeitsplätzen auf. Über das generelle Gefährdungspotenzial auf See und in der Seeschifffahrt hinaus sind hier Besonderheiten beim Betrieb der Offshore-Windenergieanlagen zu beachten.

Ein erster, aber leider veralteter, Wegweiser zu den möglichen Gefährdungen an Windenergieanlagen ist die DGUV Information 203-007. Im Kapitel 8 dieser Information wird das Gefährdungspotenzial klassifiziert. Die folgenden Gefährdungstypen können nur als Grundlage gesehen werden, gelten letztlich aber natürlich auch offshore.

* Gefährdung durch organisatorische Mängel
* Gefährdung durch Arbeitsplatzgestaltung
* Gefährdung durch Nichtbeachtung organisatorischer Erkenntnisse
* Mechanische Gefährdung
* Elektrische Gefährdung
* Gefährdung durch Stoffe
* Gefährdung durch Brände/Explosionen
* Gefährdung durch physikalische Einwirkung

Weitere mögliche Gefährdungen und Belastungen:

* Transfer und Überstieg
* Seekrankheit
* Flugkrankheit
* Übermüdung
* Bewuchs an und auf Verkehrswegen
* Eis an und auf Verkehrswegen
* Vibration und Lärm
* Temperaturen
* Feuer
* Kommunikationsverlust/Alarmierung
* Blitzschlag
* Wesentlich verlängerte Hilfsfristen

Kälteschock, Unterkühlung und Ertrinken sind weitere spezifische Gefahren an Offshore-Arbeitsplätzen und im Bereich der Seeschifffahrt (Personentransporte zur und von der WEA mit dem dafür vorgesehenen Schiff sind wesentlicher Bestandteil der Arbeit an WEA). Die Kenntnis von lebensrettenden Maßnahmen kann überlebenswichtig werden.

In Abhängigkeit von der benetzten Fläche und der Wassertemperatur, ohne bzw. mit nicht ausreichender Schutzbekleidung und in Abhängigkeit von der Konstitution des Verunfallten, ist folgende Ausprägung der lebensbedrohlichen Symptome bis zum Ertrinken statistisch ermittelt:

Phase 1   Kälteschock (1 bis 3 Minuten)

Phase 2   Schwimmversagen (3 bis 30 Minuten)

Phase 3   Unterkühlung (30 bis 60 Minuten)

Phase 4   Kreislaufreaktion durch, bzw. nach der Rettung
                (auch Stunden später noch möglich)

Wassertemperatur	Zeit bis zur Bewusstlosigkeit	Mögliche Überlebenszeit
0,3 °C	< 15 min	bis 45 min
4,5 °C	30 min	bis 90 min
10 °C	1 h	3 h
15 °C	2 h	6 h
21 °C	7 h	40 h
26 °C	12 h	> 40 h

Abbildung 8, Theoretische Überlebenszeiten im Wasser

In der folgenden Abbildung sind Faktoren dargestellt, die den Wärmeverlust beeinflussen können. Entscheidend ist, dass die vermeidbaren Faktoren bereits im Vorfeld der Arbeiten eliminiert werden.

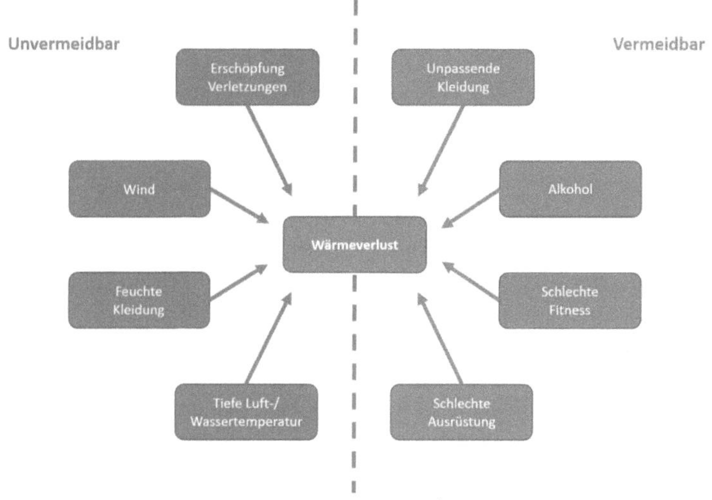

Abbildung 9, Faktoren, die den Wärmeverlust beeinflussen

3.2. Kälteschock

Nach unfreiwilligem Eintauchen in sehr kaltes Wasser kommt es ggf. schon in den ersten 1 bis 3 Minuten zu folgenden parallelen Reaktionen:

- Intensive Einatmung (Inspiration)
- Starker Anstieg der Herzfrequenz (Tachykardie) und Rhythmusveränderung (Extrasystolen)
- Blutdruckanstieg (Hypertonie) – die Herzdurchblutung sinkt und damit die Sauerstoffversorgung des Herzmuskels
- Panik (die Position im Wasser kann nicht kontrolliert werden) – sofortiges Zusammenziehen der Hautgefäße (Vasokonstriktion)

3.3. Unterkühlung

Eine Unterkühlung tritt dann ein, wenn die Körpertemperatur unter 37 °C fällt. Bei Wassertemperaturen unter 28 °C kann die Körpertemperatur nicht dauerhaft aufrechterhalten bleiben.

Körperliche und mentale Fähigkeiten nehmen ab (Schwimmversagen) – der Übergang zur Bewusstlosigkeit und zum Herzstillstand kann fließend sein. Dabei tritt die Gefahr der Aspiration (Einatmen von Wasser) ein.

25

Die Muskelzellen werden in ihrer Leistungsfähigkeit verringert. Gleichzeitig verringert sich die Muskelkontraktion, die Greifkraft und die Handkoordination, so dass es schwierig bis unmöglich wird, eine Schwimmhilfe anzulegen oder sich aus dem Wasser zu ziehen. Der Schwimmer gerät in eine aufrechte Position, die das Schwimmen verhindert. Man unterscheidet 3 Zustände:

Milde Hypothermie: Körpertemperatur von 32 bis 35 °C. Automatisiertes Muskelzittern. Verringerung der Durchblutung der äußeren Körperregionen – ein Blutaustausch zwischen der Körperschale und dem Körperkern findet kaum noch statt.

Erste Hilfe: Notruf absetzen, Betroffenen an einen warmen Ort bringen und langsam vom Körperstamm her aufwärmen, nasse/kalte Kleidung entfernen und Körper in warme Decken oder Ähnliches wickeln, warme, insbesondere gut gezuckerte Getränke (wie z. B. Tee) zu trinken geben, Atmung, Puls und Körpertemperatur beobachten, erneute Kälteeinwirkung vermeiden.

Mittelgradige Hypothermie: Das Bewusstsein des Verunfallten trübt sich bis zur „Kälteidiotie". Das Muskelzittern hört auf – es kommt zur Abschwächung der Reflexe.

Erste Hilfe: Notruf absetzen, keine Aufwärmversuche mehr unternehmen und Betroffenen möglichst wenig bewegen, die Temperatur würde bei unsachgerechtem Handeln lediglich weiter absinken und der Betroffene sterben, Wiedererwärmung ist nur unter ärztlicher Kontrolle möglich, bei Bewusstlosigkeit in die stabile Seitenlage bringen, ständig Atmung und Kreislauf kontrollieren

Schwere Hypothermie: Körpertemperatur unter 28 °C, Verlust des Bewusstseins, schwacher unregelmäßiger Puls. Später: Atemstillstand, Herzrhythmusstörungen, lichtstarre Pupillen – es ist nur noch schwer möglich zu bestimmen, ob die verunfallte Person noch lebt oder bereits tot ist.

Erste Hilfe: Keine Aufwärmversuche mehr unternehmen, Betroffenen möglichst wenig bewegen und in die stabile Seitenlage bringen, ständig Atmung und Kreislauf kontrollieren und notfalls reanimieren.

3.4. Ertrinken

Die Folge des unfreiwilligen Eintauchens in Wasser (Kälteschock, Unterkühlung) führt letztlich zum Ertrinken. Wasser gelangt in die Lunge. Die Konzentration der Wassermoleküle ist damit höher als die des umliegenden Gewebes. Um diesen Unterschied auszugleichen, diffundieren Wassermoleküle aus dem Lungengewebe in die Erythrozyten (rote Blutkörperchen), welche letztlich platzen.

Es kann auch zum sogenannten „trockenen Ertrinken" kommen – dem Stimmritzenkrampf, der zum Tode führen kann. Dabei gelangt keine Luft mehr in die Lunge, da der Weg verschlossen ist. In diesem Fall befindet sich kein Wasser in der Lunge.

Die zeitliche Abfolge ist etwa folgende:

- Nach etwa einminütigem Anhalten der Atmung folgen, bedingt durch den CO^2-Anstieg im Blut, ein bis zwei tiefe Atemzüge
- Wasser gelangt in den Kehlkopf und führt zu Hustenreiz.
- Dabei wird eine erhebliche Menge Wasser geschluckt und führt schließlich zur Bewusstlosigkeit.
- Alle Reflexe setzen aus – maximale Streckung aller Körperteile
- Schüttelnde Zuckungen der Gliedmaßen.
- Atempause und folgende Schnappatmung bis zum endgültigen Atemstillstand.
- Die Herztätigkeit kann noch länger erhalten sein – erlischt aber schließlich.

Ertrinken ist ein stiller Tod. Die Annahme, Ertrinkende würden auf sich aufmerksam machen ist falsch. Nur in den Vorphasen kann man davon ausgehen, dass Verunfallte auf sich aufmerksam machen, wenn sie es irgendwie noch können. Kälteschockzustände werden das beispielsweise kaum ermöglichen – Ertrinkende antworten nicht auf einen Zuruf!

Ertrinkende erkennt man am ehesten, dass sie vertikal im Wasser „stehen", sich nicht bewegen oder das Wasser treten, statt klassische Schwimmbewegungen zu machen. Das Wasser wird nicht oder unwesentlich stärker aufgewühlt als beim normalen Schwimmen. Ertrinkende haben eine Stoßatmung und legen den Kopf in den Nacken.

Die zutreffende Beurteilung des Unfallgeschehens und dessen Folgen sind die Voraussetzung für eine erfolgreiche Rettung und Hilfe. Da im Offshore-Bereich das am Unfallort weilende Team vorerst oder sogar dauerhaft alleine und auf sich gestellt sein wird, ist die Kenntnis aller Gefahren und Möglichkeiten der Reanimation überlebenswichtig.

Es ist davon auszugehen, dass die Arbeiten an einer Offshore-Anlage in entsprechender Arbeitsschutzbekleidung ausgeführt werden. Damit erhöht sich die Überlebenszeit (siehe oben) erheblich und die verunfallte Person bleibt ansprechbar. Im Arbeitsumfeld „Offshore" ist besonders die Unterkühlung zu beachten, da ein Ertrinken durch angelegte Schwimmwesten kaum möglich wird.

Selbstrettungsmöglichkeiten

Aus den Erkenntnissen zum Kälteschock wurde die 1-10-1- Regel formuliert. Sie besagt:

1 Minute: Ins Wasser gefallen, wird für etwa 1 Min. hyperventiliert. Kopf über Wasser halten, Atmung kontrollieren. „Don't panic" – die Atmung beruhigt sich wieder! Nimm die Umgebung wahr und plane die nächsten Aktionen.

10 Minuten: Es bleiben etwa 10 Min. Kraft und Mobilität. Nutze sie, um alle Möglichkeiten der Selbstrettung auszuschöpfen. Keine größere Strecke schwimmen. Wärmeverlust durch Körperhaltung reduzieren. Jeder Zentimeter außerhalb des Wassers kann die Überlebenszeit verlängern. Sichere, dass die Atemwege auch bei Bewusstlosigkeit frei bleiben.

1 Stunde: Es kann mit ca. 1 h nutzbarem Bewusstsein gerechnet werden. Schwimmen ist nicht effektiv und bringt die Gefahr einer weiteren Unterkühlung. Mit Schwimmweste lebt man lange genug, um schließlich an Unterkühlung zu sterben, falls keine Hilfe Dritter eintrifft.

Darüber hinaus können folgende Möglichkeiten genutzt werden:

- In der Stellung „Toter Mann" kann man sich erholen
- Dehnübungen im Wasser können Krämpfe lösen

Rettung durch Dritte
Verunfallte Personen (Ertrinkende und/oder Unterkühlte) sind unter Beachtung des Eigenschutzes zu retten. Dazu sollte möglichst ein schwimmender Gegenstand (idealerweise Rettungsring) zugereicht oder geworfen werden. Ein direkter Kontakt ist zu vermeiden, da die Person in Panik sein könnte und damit eine Gefahr für den Retter darstellen könnte.

Sofern möglich, sind Fachkräfte (DLRG, Feuerwehr, Wasserwacht) hinzuzuziehen. In erster Linie sollte ein Notruf veranlasst werden.

Ist die verunfallte Person in Sicherheit, sollte sie bei Bewusstlosigkeit in die stabile Seitenlage gebracht werden. Auf Atemtätigkeit achten. Bei nicht ausreichender Atmung oder bei Kreislaufstillstand muss sofort mit der Herz-Lungen-Wiederbelebung begonnen werden. Unterkühlte Personen werden ggf. ausdauernd reanimiert, da in solchen Fällen schon erfolgreiche Wiederbelebungen auch nach längerer Zeit beobachtet wurden. Maßnahmen zum Entfernen von Wasser aus der Lunge und den Atemwegen sind ineffektiv und nicht angezeigt. Bei Personen, die über Bord gegangen sind, ist grundsätzlich und zu allen Jahreszeiten mit einer Unterkühlung zu rechnen. Wärmen (nasse Kleidung entfernen u. a. Maßnahmen) und Vitalparameter beobachten. Es gilt eine ständige Reanimationsbereitschaft. Die verunfallte Person ist in jedem Fall möglichst wenig zu bewegen (siehe nachfolgend).

Bergetod „Afterdrop"
Auch nach einer erfolgreichen Rettung droht Gefahr für das Unfallopfer. Durch die Unterkühlung ist der Temperaturunterschied zwischen Kern und Schale so groß, dass es beim Bewegen der unterkühlten Person zum Temperaturausgleich kommt, bei dem kaltes Blut in den Kern zurückfließt und dabei die Kerntemperatur noch weiter absenkt. Man spricht vom Afterdrop oder Bergetod. Aufgrund der Temperaturempfindlichkeit des Erregungsleitungssystems des Herzens ist die Wahrscheinlichkeit, dass es dabei zu Herzrhythmusstörungen und zum Erliegen jeglicher Herz-/ Kreislauftätigkeit kommt, sehr groß. Daher ist eine Flachlagerung der verunfallten Person sowie eine Ruhigstellung anzustreben.

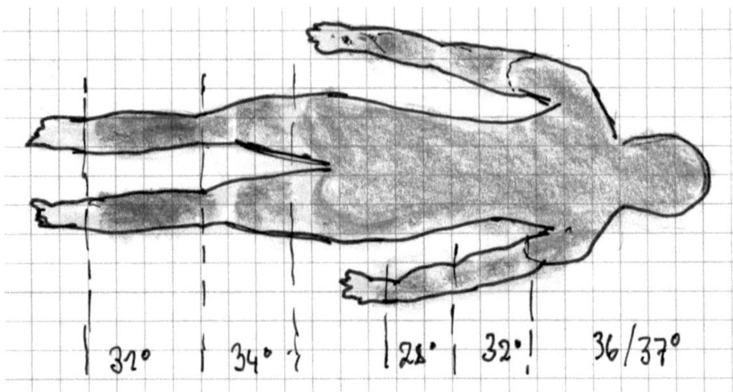

Abbildung 10, Temperaturzonen im Körper bei Unterkühlung

4. Überlebensausrüstung und PSA

Nach DGUV Vorschrift 1 „Grundsätze der Prävention" hat der Unternehmer Rettungsmittel (engl. LSA – Life Saving Appliances) und persönliche Schutzausrüstungen (PSA) bereitzustellen und seine Mitarbeiter entsprechend in deren Nutzung zu unterweisen. Die Mitarbeit der Arbeitnehmer ist dabei ausdrücklich gefordert (verhaltensorientierte Arbeitssicherheit). Das bezieht sich nicht alleine auf den funktionserhaltenden Umgang mit den ihm zur Verfügung gestellten Rettungsmitteln und PSA, sondern auch auf ein bewusstes Gesundheitsverhalten.

Die Kenntnis und der Umgang mit Rettungsmitteln sind wesentlicher Teil der Arbeitssicherheit. Sie minimieren das Gefährdungspotenzial in Notfallsituationen. Allgemeine Anforderungen an Rettungsmittel sind:

- Die Ausführung und die verwendeten Werkstoffe müssen einwandfrei sein und Verletzungsgefahren durch scharfe Kanten etc. minimieren.
- Die Rettungsmittel müssen ggf. mit Schutzvorrichtungen gegen elektrische Kurzschluss versehen sein, um Beschädigungen und Verletzungen zu verhindern.
- Im Seewasser müssen sie bei einer Wassertemperatur von -1 °C bis +30 °C betriebsfähig sein.
- Sie müssen verrottungs- und korrosionsfest sein.

Zugelassene Rettungsmittel sind nach IMO/SOLAS-Beschluss und dessen Änderungen definiert. Dazu gehören optische Signale, Überlebensfahrzeuge, Bereitschaftsboote und sonstige Rettungsmittel.

Rettungsmittel sollen über ihre Rettungsfunktion hinaus die Unfallstelle so sicher als möglich markieren und müssen gut sichtbar sein. Das Aktivieren von Rettungssystemen (Aufblasen von Rettungswesten, Öffnen von aufblasbaren Rettungsinseln, Auslösen von Signalsystemen) wird neben der manuellen Nutzung einer Reißleine häufig durch Mechanismen ausgelöst, die im Wasser reagieren (z. B. auf Wasserdruck).

Rettungsmittel lassen sich pauschal in die Gruppen:

Persönliche Rettungsmittel- und Schutzausrüstung z. B.

- Rettungswesten
- Überlebensanzüge/Eintauchsysteme
- Persönliche Schutzausrüstung gegen Absturz

Kollektive Rettungsmittel z. B.

- Personenrettungssysteme
- Rettungsboote
- Rettungsinseln
- Kollektiv zu nutzende Rettungsmittel wie Leitern, Körbe

einordnen. Die meisten persönlichen Rettungsmittel vergrößern das Volumen des eingetauchten Körpers ohne wesentlich mehr Masse zu erzeugen. Damit verändert sich das Verhältnis Schwerkraft/ Auftriebskraft, sodass ein höherer Auftrieb entstehen kann.

4.1. Persönliche Überlebensausrüstung und PSA

Rettungsringe

Sie gehören zu den ältesten Rettungsmitteln. In der Regel wird der Auftrieb dieser Schwimmhilfe durch eine harte Polyäthylen-Schaumfüllung erreicht. Rettungsringe haben der SOLAS zu genügen – sie sind wetterbeständig und an gut sicht- und erreichbaren Stellen in unmittelbarer Wassernähe anzubringen (spezielle Halterung). Besondere Ausführungen haben darüber hinaus aufschwimmende Wurfleinen oder zusätzliche Signalsysteme integriert. Im Person über Bord-Fall sind Rettungsringe das zuerst eingesetzte Rettungsmittel. Sie sind nach wie vor sehr effektiv. Forderungen an die Ausführung der Rettungsringe (Kennzeichnung und Funktionsfähigkeit) sind:

- Schiffsname/Heimathafen
- Reflektionsstreifen/Greifleine
- Farbe: Orange
- Zugelassener Werkstoff
- Maße: außen = 800 mm, innen = 400 mm
- Schwimmhilfe

- Markierung der Unfallstelle
- Anzahl entsprechend Installationsort, Art des Einsatzes / Einsatzgebiet
- Zusätzliche selbstauslösende (optische) Signalsysteme

Abbildung 11, Rettungsring

Rettungswesten

Rettungswesten, früher (auch heute noch häufig) „Schwimmweste" genannt, gibt es in großer Auswahl und Funktionalität. Grundsätzlich ist eine Größeneinteilung vorgeschrieben (3 Größen), die sich nach Gewicht und Größe einer Person richtet. Eine Rettungsweste sorgt dafür, dass eine im Wasser schwimmende, bewusstlose Person innerhalb von 5 Sek. automatisch in Rückenlage gebracht und der Mund mindestens 120 mm aus dem Wasser gehoben wird. Ansonsten gelten ähnliche Bedingungen wie für Rettungsringe (Signalfarbe, Wetterfestigkeit, feuerabweisend, Anbringung von Signalsystemen etc.).

Abbildung 12, Funktionsweise der Rettungsweste

Rettungswesten müssen:

- Übermäßiges Eindringen von Wasser verhindern
- Von „in keiner Weise vertrauten Personen" ohne Hilfe nach Vorführen innerhalb von 1 oder 2 Minuten sachgemäß richtig angelegt werden können
- Ohne Knoten verschließbar sein
- Dem Träger erlauben, mindestens 4,5 m tief mit ihr ins Wasser springen zu können – mit erhobenen Armen immer noch 1 m
- So viel Auftrieb und Stabilität aufweisen, dass eine erschöpfte oder bewusstlose Person soweit angehoben wird, dass das Gesicht nicht im Wasser liegt, der Körper soll gegenüber der senkrechten Lage nach hinten geneigt schwimmen
- Ihrem Träger erlauben, eine kurze Strecke schwimmen zu können, um damit ein Rettungsfahrzeug zu erreichen
- Mit einer Vorrichtung ausgerüstet sein, die ein Anbringen einer Rettungswestenleuchte ermöglicht
- Mit einer lösbaren schwimmfähigen Leine oder anderen Mitteln versehen sein, die es ermöglicht, sie mit einer anderen Rettungsweste zu verbinden, die von einer anderen, im Wasser schwimmenden Person getragen wird

- Geeignete Vorrichtungen besitzen, an denen ein Retter den Träger aus dem Wasser in ein Überlebens- oder Bereitschaftsboot heben kann
- Nachdem sie ca. 2 Sek. lang vollständig von Flammen eingehüllt waren nicht weiter verbrennen oder schmelzen. Diese Bedingungen gelten gleichermaßen für Rettungsanzüge und Rettungsringe

Abbildung 13, Feststoffrettungsweste

Aufblasbare Rettungswesten (Arbeitswesten)

Für alle Offshore-Tätigkeiten muss ihr Auftrieb mindestens 275 Newton betragen. Eine Rettungsweste, deren Auftrieb darin beruht, dass sie aufgeblasen wird, muss mindestens zwei getrennte Luftkammern besitzen. Sie müssen sich selbsttätig beim Eintauchen aufblasen und ermöglichen, dass der Mechanismus durch eine einzige Handlung ausgelöst bzw. jede Zelle mit dem Mund aufgeblasen werden kann.

- Aufblasbare Rettungswesten müssen beim Verlust des Auftriebes einer Kammer immer noch den o. g. Anforderungen für Rettungswesten genügen

- Rettungswestenleuchten (weißes, rundum sichtbares Licht) und/oder Pfeifen sind so zu wählen und zu befestigen, dass ihre Funktion nicht eingeschränkt werden kann
- Ist die Rettungswestenleuchte eine Blitzleuchte, muss diese mit einem Schalter zu bedienen sein
- Zusatzelemente sind Schrittgurt, Bodyline, Signalpfeife etc.

Abbildung 14, Aufblasbare Rettungsweste

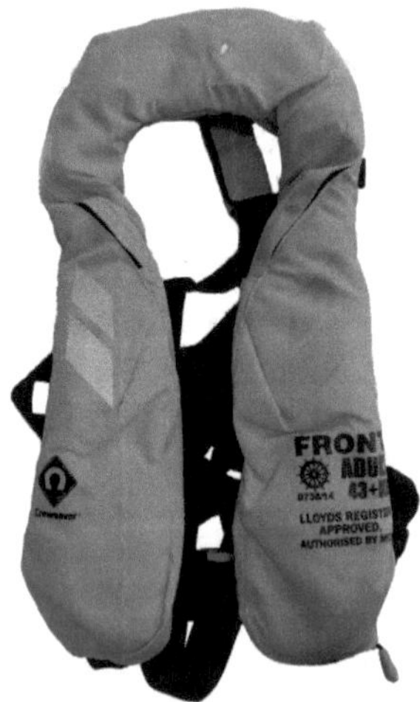

Abbildung 15, Aufblasbare Rettungswesten

Eintauchanzüge (mit oder ohne integrierte Rettungsweste) sind vollständig geschlossen und aus wasserdichten Werkstoffen hergestellt. Sie bedecken den gesamten Körper bis auf das Gesicht. Für sie gelten ähnliche Parameter, wie für Rettungswesten. Sie gewährleisten allerdings deutlich längere Überlebenszeiten – bei 4 °C beispielsweise ca. 5 h gegenüber der ungeschützten Zeit von 30 bis 90 Min. Ohne Überlebensanzug gelten, stark abhängig von der Kondition des Verunfallten, etwa die in Abbildung 8 angegeben Zeiten. Eintauchanzüge sind reine Rettungsmittel und werden nur im Notfall oder bei drohendem Notfall angelegt. Zum Arbeiten sind sie nicht geeignet.

Folgende spezielle Anforderungen gelten:

- Die Körpertemperatur darf bei 0 °C kaltem Wasser in 5 h nicht mehr als 2 °C sinken
- In der Variante ohne integrierte Rettungsweste muss eine solche angelegt werden (auch, wenn der Eintauchanzug selbst durch eingeschlossene Luft eine bedeutende Auftriebskraft erzeugt)
- Er muss über Vorkehrungen verfügen (Riemen beispielsweise), die freie Luft in den Beinen des Anzuges auf ein Mindestmaß verringern
- Es darf nach einem Sprung (max. 4,5 m) kein übermäßiges Eindringen von Wasser auftreten
- Das senkrechte Benutzen einer Leiter (5 m) darf nicht wesentlich erschwert sein
- Der Anzug muss genügend Bewegungsfreiheit bieten, um das selbstständige Anlegen zu ermöglichen (max. 2 Min.) und ein Überlebensfahrzeug besteigen und bedienen zu können

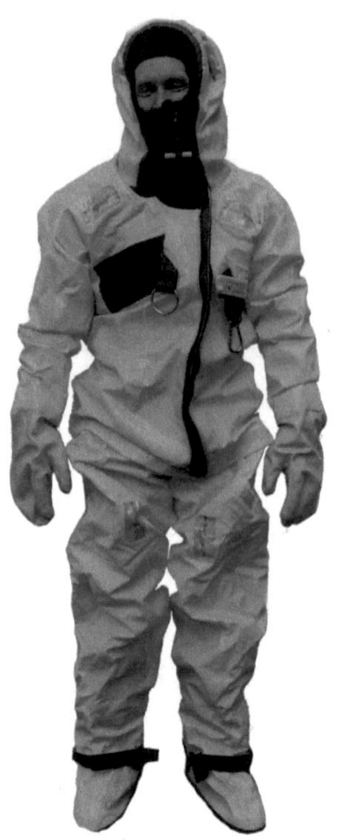

Abbildung 16, Eintauchanzüge

Abbildung 17, Anziehen des Eintauchanzuges

Arbeitsüberlebensanzüge haben im Wesentlichen die gleichen Bedingungen wie Eintauchanzüge zu erfüllen. Sie ermöglichen eine wesentlich größere Bewegungsfreiheit, allerdings auf Kosten des Wärmeschutzes. Arbeitsüberlebensanzüge sollen über witterungsgerechter Kleidung getragen werden und dienen nicht als Rettungsmittel. Letztlich sind sie eher als persönliche Schutzausrüstung gegen Ertrinken und Unterkühlung anzusehen. Der Unterschied zwischen Rettungsmitteln und persönlicher Schutzausrüstung ist in ihrem jeweiligen Einsatzzweck begründet. Ein Rettungsmittel (z. B. Eintauchanzug) wird im Notfall bewusst angelegt um für die kommenden Situationen gerüstet zu sein. Arbeitsüberlebensanzüge werden immer dann getragen, wenn die Tätigkeit besondere Gefährdungen mit sich bringt und ein Sturz ins Wasser eben unwahrscheinlich aber nicht ausgeschlossen ist. Somit zählen sie nicht zu den Rettungsmitteln, sondern genau genommen zur persönlichen Schutzausrüstung. Auf den folgenden Bildern sind die unterschiedlichsten Varianten solcher Anzüge zu sehen. Ein Blick in die Gefährdungsbeurteilung wird die erste Auswahl vorgeben. Dann folgen arbeitsorganisatorische Faktoren wie die Fragen, ob der Anzug mit fest integrierten Sicherheitsschuhen, Innenfutter, Kapuze, Anschlagpunkt, vorder- oder rückseitigem Reißverschluss ausgestattet sein soll. Auf dem letzten Bild in diesem Kapitel ist ein Trockentauchanzug zu sehen. Dieser kann zum Beispiel von Tauchern durchaus auch zum Überstieg vom Boot auf die Anlage genutzt werden.

Abbildung 18, Arbeitsüberlebensanzüge

Abbildung 19, Arbeitsüberlebensanzüge

Abbildung 20, Trockentauchanzug

Wärmeschutzmittel
Zusätzlich zu den vorgenannten Rettungsmitteln gibt es weitere Wärmeschutzmittel. Die aus wasserdichtem Werkstoff mit einem hohen Dämmungskoeffizienten hergestellten Wärmeschutzmittel müssen den Wärmeverlust des menschlichen Körpers durch Konvektion (Wärmetransport) und Verdampfung verringern. Das Wärmeschutzmittel muss in einem Temperaturbereich von -10 °C bis +0 °C einwandfrei funktionieren. Es muss ohne Hilfe in einem Überlebensfahrzeug ausgepackt und angelegt werden können und die Hände bedecken. Die Effektivität kann man in etwa so einschätzen: Besser als kein Wärmeschutzmittel aber weit entfernt von Eintauch- und Arbeitsüberlebensanzügen.

Abbildung 21, Wärmeschutzmittel

Weiteres persönliches Equipment
Offshore tätige Mitarbeiter haben bei der Arbeit in der Regel noch weiteres Arbeitsschutzequipment anzulegen. Dabei sollte sich stets an die Vorgaben des Arbeitgebers gehalten werden, denn dieser ist verantwortlich für die Auswahl der Ausrüstung. Er hat ebenfalls sicherzustellen, dass mit dem vorgeschriebenen Equipment ausreichend trainiert wird und es keine Beeinträchtigungen in der Funktion als Folge von Wechselwirkungen mit anderer persönlicher Schutzausrüstung gibt. Speziell dazu gibt es eine Stellungnahme („PSA im Offshore-Bereich") der Berufsgenossenschaften.

Als generell üblich ist die Benutzung von folgendem Equipment anzusehen:

*   Das Tragen von Arbeitsschutzschuhwerk, mind. Schutzklasse S3, d. h. Schuhe und/oder Stiefel mit Stahlkappe und rutschfester Gummi- oder Kunststoffsohle. Zu beachten ist, dass ggf. am Fuß geschlossene Arbeitsanzüge getragen werden

- Das Nutzen von handelsüblichen Arbeitsschutzhandschuhen, die an die Arbeitsaufgabe angepasst sein müssen (Verletzungsgefahr durch scharfe Kanten, Chemikalien)
- Das Tragen von Arbeitsschutzhelmen, welche der Norm EN 397 entsprechen. Ihr Einsatz ist international unterschiedlich geregelt, in den meisten Industriestaaten aber vorgeschrieben. Die Helmpflicht wird durch ein blaues Piktogramm (Gebotszeichen) am Arbeitsplatz angezeigt
- Das Benutzen von PSA gegen Absturz nach vorheriger Ausbildung nach dem GWO-Modul „Working at Heights", spätestens beim Überstieg von oder auf das Schiff wird diese benötigt. Auch nach den Regeln der Berufsgenossenschaft (DGUV Regel 112-198 und -199) ist dieses ausführliche Training gefordert. Als Grundausrüstung gilt: Auffanggurt, Falldämpfer, Verbindungsmittel zur Befestigung an einem Anschlagpunkt

Während der Arbeiten hat der Arbeitgeber entsprechende Rettungsgeräte bereitzustellen, in deren Benutzung die Mitarbeiter auch unterwiesen worden sind. Für den Überstieg werden häufig Höhensicherungsgeräte (umgangssprachlich „Jo-Jo") eingesetzt.

Abbildung 22, Kombination von persönlicher Schutzausrüstung

Lagerung und Aufbewahrung

Die richtige Lagerung der persönlichen Rettungsausrüstung und der PSA, also trocken und sauber, ist von großer Bedeutung für ihre Funktionssicherheit. Darüber hinaus muss sie im Notfall leicht zu erreichen sein. Nasse Rettungsmittel sind vor der Lagerung in geeigneten Räumen zu säubern und zu trocknen.

Abbildung 23, Aufbewahrung

Persönliche Rettungsanzüge werden auf Schiffen üblicherweise an folgenden Orten gelagert:

- In der Kammer (die Regel)
- Auf der Brücke, in der Nähe des Bereitschaftsbootes
- Im Maschinenkontrollraum
- Im Vorschiff, wenn dort eine Rettungsinsel vorhanden ist

Grundsätzlich muss der Arbeitgeber das Personal vor Arbeitsaufnahme immer in die Lagerorte der Rettungsmittel und der persönlichen Schutzausrüstung einweisen.

Für wetterbeständige Rettungsmittel, wie Ringe, Flöße und andere, ist die sichere, leicht lösbare Anbringung in Wassernähe und an besonders gefährdeten Arbeitsplätzen selbstverständlich und sichtbar zu machen. Verwendet werden zweckmäßige und dafür vorgesehene Halterungen.

4.2. Kollektive Überlebensausrüstung
Traditionelles und wichtigstes kollektives Rettungsmittel ist und bleibt das Rettungsboot. Das hölzerne Ruderboot gehörte über viele Jahre zur einzigen Rettungseinrichtung an Bord und wurde in den seit 1866 existierenden Seenot-Rettungsstationen an den Küsten eingesetzt.

Heute existiert eine Vielzahl an Rettungsmitteln zur gleichzeitigen Rettung mehrerer Personen. Sie entsprechen den aktuellen Erfordernissen und werden ständig weiterentwickelt.

Rettungsboote
1820 wurde in England ein offenes gerudertes Holz- Rettungsboot entwickelt, dass durch Luftkammern und Korkelemente weitgehend unsinkbar war und ca. 60 Personen Platz bot. Seither sichern ständige Weiterentwicklungen das Überleben im Seenotfall. Sowohl das Boot, als auch die Davits (die zum Aussetzen des Bootes speziell entwickelten Krane/Systeme) sind den Einsatzbedingungen an Bord bzw. im Offshore-Bereich angepasst.

Abbildung 24, Unterschiedliche Rettungsboote und ihre Davitanlagen

Die Boote gewährleisten in Form und Abmessung eine gute Stabilität im Seegang. Sie sind heute durchweg geschlossen und in der üblichen Signalfarbe „Orange-Rot" aus GFK hergestellt, einem glasfaserverstärktem Kunststoff-Material. Rettungsboote besitzen starre Rümpfe und sind so gebaut, dass sie auch nach Beschädigungen unterhalb der Wasserlinie schwimmen.

Jedes Rettungsboot ist mit einem dauerhaft angebrachten Zulassungsschild ausgerüstet, auf dem mindestens folgende Angaben stehen:

- Name und Anschrift des Herstellers
- Modell- und Serien-Nr.
- Monat und Jahr der Herstellung
- Maximal aufzunehmende Personenanzahl
- Zulassungsinformationen

Jeder Sitzplatz ist im Rettungsboot deutlich gekennzeichnet. Für den Ein- und Ausstieg ist genügend Platz vorhanden, damit auch Personen mit angelegten Rettungswesten das Boot besetzen können und die Bedienung der Antriebsmittel oder Ausrüstungsgegenstände nicht behindert wird.

Folgende allgemeine Ausrüstung in Rettungsbooten wird von der International Maritime Organisation abhängig vom Fahrtgebiet des Schiffes gefordert:

- Hilfsmittel zur Fortbewegung des Bootes
- Bootshaken
- 2 Kappbeile
- Wasserdicht verpackte Zündhölzer
- 2 Pützen
- Kompass und Treibanker
- Rettungsringe mit 10 m Leine, Sicherheits- und Fangleinen
- Proviant
- Trinkwasser in vorgeschriebener Menge (3 l pro Person)
- Schöpf- und Trinkbecher
- Seenotsignalmittel
- Erste-Hilfe-Ausrüstung (Tabletten gegen Seekrankheit, Spuck-beutel, Wärmeschutz, Wundverband)
- Taschenlampe, Tagesspiegel
- Messer/Dosenöffner
- Signalpfeife
- Angelgeräte
- Tafel mit Rettungssignalen und Verhalten im Notfall
- Überlebenshandbuch, Notsender, Seefunkgerät

Die Motoranlage und Schraube ist so beschaffen, dass eine Verletzungsgefahr für im Wasser befindlichen Personen weitestgehend ausgeschlossen werden kann. Die Motorisierung ist „behäbig" und dient im Wesentlichen der Manövrierfähigkeit des Bootes.

Spezielle Formen sind u. a. Freifallboote, Tender und Rettungsboote mit Feuerschutzausrüstung für Tanker. Freifallboote müssen logischerweise zusätzlichen Stabilitätsanforderungen genügen. Die Sitze sind so angeordnet, dass die Personen mit dem Rücken in Fallrichtung sitzen. Die Sitzflächen sind so gestaltet, dass Rücken und Kopf gestützt werden. Die Sitze dürfen nicht klappbar sein. Jeder Sitz verfügt über einen Sicherheitsgurt; der Winkel zwischen Sitzfläche und Rückenlehne beträgt 90°. Zu beachten ist der nicht unerhebliche Aufprall beim Eintauchen in das Wasser. Der Motor wird vor dem eigentlichen Fall gestartet. Der Schiffsführer löst am Steuer das geschlossene Boot aus der Halterung und initiiert damit den freien Fall ins Wasser. Freifallboote sind in der Regel das Mittel der Wahl, wenn es um das schnelle Verlassen einer Plattform oder eines Schiffes geht.

Kleine, in der Regel offene Rettungsfahrzeuge wie Schlauch-boote, Bereitschaftsboote, schnelle Bereitschaftsboote und ähnliche sind in der Regel besser geeignet, an der Unfallstelle zu agieren. Sie sind schnell, wendig und sollen Rettungsinseln zusammenhalten und Menschen aus dem Wasser retten. Deshalb gehören sie häufig auch zur Ausstattung von Offshore-Plattformen.

Der Einsatz der Rettungsboote wird ausschließlich vom Kapitän oder Plattformmanager befohlen. Er trägt die Verantwortung. Eigenmächtiges Benutzen und Ausprobieren ist streng untersagt. Rettungsboote dürfen auch nicht zweckentfremdet werden, z. B. als Stauraum für Material. Auf einem Schiff ist den Anweisungen der Stammbesatzung zwingend Folge zu leisten. Die Besatzung kennt das Schiff und weiß, wie Davits und Rettungsboote benutzt und ausgesetzt werden. Auf der Offshore-Plattform gibt es spezielle Einsatzteams, die im Fall des Notfalls speziell ausgebildet sind und regelmäßig trainiert werden. Sie sind der Stammbesatzung eines Schiffes gleichzusetzen. Grundsätzlich gilt auch im Rettungsboot und am Sammelplatz, was in jeder Notsituation gilt: Ruhe bewahren und den Anweisungen folgen. Jeder, der ein Schiff oder eine

Offshore-Plattform betritt, sollte sich zu Beginn seines Aufenthalts über die Standorte der Rettungsmittel informieren.

Abbildung 25, Fast Rescue Boat auf einer Offshore-Plattform

Rettungsinseln und Rettungsflöße
Aufblasbare Rettungsinseln sind auf jedem Schiff und jeder Offshore-Plattform zu finden. Sie sind ein absolut gängiges kollektives Rettungsmittel, da sie zum einen wenig Platz bei der Lagerung beanspruchen und zum anderen bis zu 50 Personen aufnehmen können. Im Zusammenhang mit maritimen Evakuierungssystemen gibt es Rettungsinseln die bis zu 150 Personen aufnehmen können. Alle Varianten müssen 30 Tage ungeschützt allen Wetterbedingungen auf See standhalten. Sie können mit dem tonnenförmigen Aufbewahrungscontainer in das Wasser geworfen werden und halten Sprünge von Personen auf die aufgeblasene Rettungsinsel aus. Die technischen Anforderungen an Rettungsflöße sowie Anzahl, Ausrüstung, Auslösevorrichtungen und Aufstellungsorte werden im Bereich der Berufsseeschifffahrt durch SOLAS-Übereinkommen geregelt.

Es gibt grundsätzlich nur zwei Gründe, ein Schiff aufzugeben und in die Rettungsinsel einzusteigen:

*   Das Boot sinkt trotz Lenzversuchen unvermeidbar
*   Das Boot brennt und alle Löschversuche waren erfolglos bzw. der Rauch wird zu stark

In allen anderen Fällen sollte man auf dem Schiff bleiben, auch wenn dieses schwer beschädigt oder manövrierunfähig ist. Das Schiff hat mehr Ausrüstung und Verpflegung an Bord als die Rettungsinsel und ist für Rettungsmannschaften wesentlich besser zu sehen als eine Rettungsinsel oder im Wasser schwimmende Personen. Der Verbleib auf dem Schiff bedeutet in der Regel, dass kein unmittelbarer Kontakt mit Wasser erfolgt und somit die Kleidung trocken bleibt. Ein ganz wichtiger Punkt für das Überleben.

Abbildung 26, Einstieg in eine Rettungsinsel

Die Rettungsinsel wird im Notfall auf der vom Wind abgewandten Schiffsseite (Lee) über Bord geworfen. Bei Feuer auf dem Schiff kann es sinnvoll sein, sie auf der dem Wind zugewandten Schiffsseite (Luv) ins Wasser zu werfen. Danach zieht man an der Reißleine. Sie ist mehrere Meter lang und löst nach einem letzten Ruck die Insel aus. Die meisten Inseln sind so gebaut, dass sie sich unter normalen

Umständen in richtiger Schwimmlage aufblasen, vorausgesetzt, sie wurden richtig gelagert und nicht rollend transportiert. Die Rettungsinsel besitzt an der Unterseite sogenannte Wassersäcke. Diese müssen sich nach dem Aufblasvorgang erst mit Wasser füllen, um der Insel die notwendige Stabilität zu geben. Solange dies nicht vollständig erfolgt ist, kann auch starker Wind die Rettungsinsel zum Kentern bringen.

Die Container der Rettungsinseln sind auf einem Schiff immer mit einer Befestigung (Lasching) versehen, welche von einem Wasserdruckauslöser gelöst werden kann.

Abbildung 27, Rettungsinsel im Aufbewahrungscontainer an Bord

Die verbreitete Meinung, dass der eigentliche Aufblasvorgang von dem Wasserdruckauslöser ausgelöst wird, ist falsch. Der Wasserdruckauslöser durchtrennt in einer Wassertiefe von max. 4 Metern automatisch die Befestigung des Aufbewahrungscontainers. Dieser kann somit aufschwimmen und wird nicht vom sinkenden Schiff in die Tiefe gezogen. Da das Schiff selbst weiter sinkt, wird auch die Reißleine (die am Schiff befestigt ist) weiter ausgezogen. Irgendwann wird die Insel dann ausgelöst und bläst sich auf. Die

Reißleine hat bei der Verwendung mit einem Wasserdruckauslöser eine Sollbruchstelle, die bei weiterem Zug des sinkenden Schiffs gegen den Auftrieb der aufgeblasenen Rettungsinsel auslöst und die Insel dann frei gibt. Hier ist natürlich besonders auf eine zum Schiff passende Länge der Reißleine zu achten. Man möchte mit dem Einsatz von Wasserdruckauslösern verhindern, dass unbenutzte Rettungsmittel mit in Tiefe gezogen werden und somit im Wasser treibenden Personen nicht zur Verfügung stehen. Die Wasserdruckauslöser sind auch der Grund dafür, dass man in der Berichterstattung über sinkende Schiffe häufig viele unbesetzte Rettungsinseln auf dem Wasser treiben sieht.

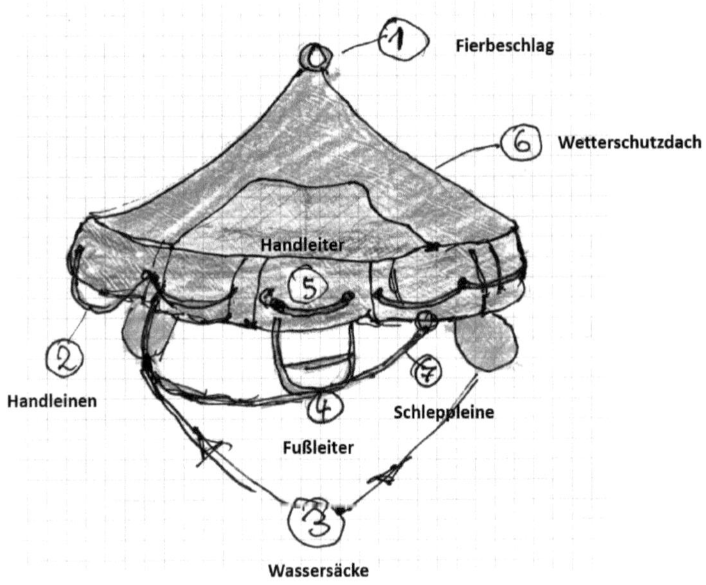

Abbildung 28, Schematische Darstellung einer Rettungsinsel

Ist die Rettungsinsel im Wasser, sollte das oberste Ziel darin bestehen, diese möglichst trocken zu erreichen. Das kann zum Beispiel über an der Bordwand befestigte Strickleitern erfolgen. Auch ein Sprung auf die aufgeblasene Insel ist denkbar. Dabei ist allerdings zu beachten, dass bereits vorhandene Insassen nicht verletzt werden. In der Regel wird die Rettungsinsel schwimmend aus dem Wasser bestiegen. Hierbei ist gegenseitige Hilfe zwingend notwendig. Der Starke hilft dem Schwächeren. Wenn möglich, sollten zusätzlicher Proviant und ein Seefunkgerät, ein SART-Transponder oder eine EPIRB mitgenommen werden. Die beiden letztgenannten Geräte werden ausführlich in Kapitel 8 behandelt.

Wenn die Rettungsinsel komplett besetzt ist, muss die Verbindungsleine zum Schiff gekappt werden. Dafür findet sich an geschützter Stelle ein Messer mit stumpfer Spitze. Der Treibanker aus dem Notpack hilft dabei, dass sich die Öffnung der Insel in Richtung windabgewandten Seite (Lee) der Wellen befindet. Außerdem reduziert er die Abdrift. An der letztbekannten Stelle werden die Rettungsmannschaften zuerst suchen.

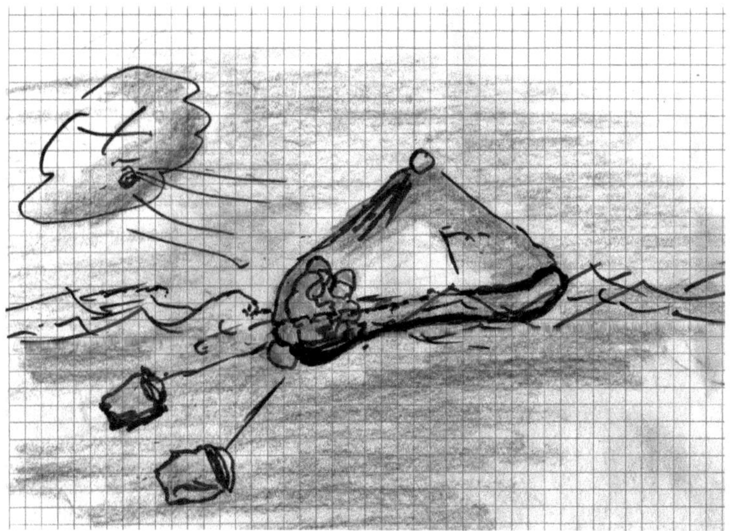

Abbildung 29, Benutzung des Treibankers

Eine vollständig besetzte Rettungsinsel kann mit einer maximalen Geschwindigkeit von 3 Knoten (z. B. vom Rettungsboot) geschleppt werden. Die Ausrüstung (Notfallpack) in der Rettungsinsel ist nicht ganz so umfangreich wie im Rettungsboot und enthält spezifische Ausrüstungsgegenstände, wie z. B. ein Schlauchreparaturset.

Abbildung 30, Notpack einer Rettungsinsel

Abbildung 31, Inhalt eines Notpacks

Rettungsinseln müssen regelmäßig gewartet und überprüft werden. Erkennbar ist dies in der Regel durch entsprechende Prüfaufkleber.

Fierbare Rettungsinseln

Eine Sonderform der Rettungsinseln sind fierbare Rettungsinseln. Ihre Funktionsweise ist grundsätzlich die gleiche wie bei einer normalen Rettungsinsel. Auch sie können über Bord geworfen und dann bemannt werden. Zusätzlich sind sie aber technisch dafür ausgerüstet, dass sie auf Deckshöhe des Schiffes oder der Plattform am Davit hängend bemannt werden können. Der Aufbewahrungscontainer wird dafür nicht über Bord geworfen, sondern noch am Davit hängend mit der Reißleine ausgelöst. Dann wird die Insel bemannt und im Anschluss manuell über einen speziellen Mechanismus des Davits auf die Wasseroberfläche abgesenkt. Sinn und Zweck dieser Prozedur ist es, trocken in die Rettungsinsel zu kommen.

Abbildung 32, Fierbare Rettungsinsel

Erst wenn keine Belastung mehr auf dem Fierhaken ist, kann die Insel vom Davit gelöst werden. In die Bedienung des Fierhakens muss das Personal zwingend eingewiesen sein. Es gibt viele unterschiedliche Modelle, die zum Teil auch unterschiedlich funktionieren.

Abbildung 33, Fierhaken

Wenn auf einem Schiff oder einer Plattform fierbare Rettungsinseln vorgehalten werden, sollte deren Benutzung auch regelmäßig trainiert werden. Durch Wind und Welle sowie durch falsches Verhalten kann es zu gefährlichen Pendelbewegungen am Kranhaken kommen.

Abbildung 34, Gefahren beim Einstieg in die fierbare Rettungsinsel

Flexible aufblasbare Notfall-Rutschen oder -schläuche sind sinnvolle Mittel um ein Schiff mit vielen Besatzungsmitgliedern und Passagieren zu evakuieren. Sie zeichnen sich, wie auch Rettungsinseln, durch geringes Gewicht und geringen Platzbedarf aus. Ihre Innenausstattung bremst die Rutschgeschwindigkeit auf max. 6 m/s. Ursprünglich für die Kreuzschifffahrt gedacht, findet man diese Systeme auf immer mehr Offshore-Plattformen und Schiffen.

Wenn eine MES vorhanden ist, sollte die Benutzung regelmäßig geübt werden. Auch hier können durch Unwissen oder falsches Verhalten schwere Unfälle passieren.

Abbildung 35, Marine Evacuation System

Helikopterschlinge

Die Helikopterschlinge dient als Hilfsmittel um im Wasser treibende Personen mit dem Helikopter aufzunehmen. Die Schlinge kann ebenfalls in der Kombination mit einem Kran genutzt werden und besteht aus einem schwimmfähigen Material. Gerade bei der Benutzung in Verbindung mit dem Helikopter ist es äußerst wichtig, dass die

Schlinge vor der ersten Berührung durch die zu rettende Person auf dem Wasser aufliegt. Durch die Reibung der Rotorblätter in der Luft entsteht ein ernst zu nehmender Potentialunterschied zwischen der Schlinge und dem Wasser. Es kann zu lebensgefährlichen elektrischen Durchströmung des menschlichen Körpers kommen.

Abbildung 36, Doppelte Helikopterschlinge

Es gibt nach wie vor einteilige Helikopterschlingen, welche nur unter den Achseln benutzt werden. Diese sind aber aus Gründen der Sicherheit abzulehnen. Ein weiterer Nachteil bei unterkühlten Personen und bei Personen mit niedrigem Blutdruck ist die schnelle Lageveränderung von horizontal nach senkrecht. Je nach Ursache kann es zu Bergetod oder zu Bewusstlosigkeit kommen. Deshalb ist immer der Einsatz der zweiteiligen Helikopterschlingen zu empfehlen. Sie bieten wesentlich mehr Sicherheit (auch gefühlt von der Person) und eine geringere Lageänderung. Die Helikopterschlinge wird im Wasser angelegt.

5. Sicherer Transfer

Die Offshore-Windkraftindustrie musste sich von der ersten Stunde an Gedanken über den sicheren Transport der Personen zu den Anlagen und Plattformen machen. Im Wesentlichen wird dieser über See mit speziellen Transportschiffen (engl. CTV = Crew Transfer Vessel) und mit Helikoptern realisiert. Für welche Variante man sich entscheidet, hängt von vielen Faktoren ab. Abgesehen vom Wetter spielen auch die Entfernung vom Festland, die Anzahl der zu transportierenden Personen sowie deren Tätigkeiten vor Ort eine wesentliche Rolle. Es ist davon auszugehen, dass die Mehrheit der offshore tätigen Mitarbeiter ihren Arbeitsplatz mit dem Schiff erreicht.

Dabei kommen die unterschiedlichsten Schiffstypen verschiedenster Größe zum Einsatz. Jeder Schiffstyp hat für seinen speziellen Einsatzzweck seine Berechtigung. Es gibt keinen Universalschiffstyp, der alle Einsatzbereiche gleich gut abdeckt.

Allgemeine Hinweise
Offshore-Windparks und -plattformen werden auf den unterschiedlichsten Gründungen im Meeresboden gebaut. Auch schwimmende Gründungen sind mittlerweile möglich. Allen gemein ist, dass sie geeignete Anlagen für den Überstieg vom Schiff (Boatlanding) bzw. Landeflächen für einen Helikopter vorhalten. Landeflächen für einen Helikopter findet man in der Regel nur in der Kombination mit einem Boatlanding, damit der Zugang zur Anlage oder Plattform auch bei schwierigen Wetterverhältnissen oder für den Materialtransport möglich ist.

Der eigentliche Transport, egal ob mit dem Schiff oder dem Helikopter, und der Überstieg zur Anlage oder Plattform erfolgt immer unter Nutzung von persönlicher Schutzausrüstung. Diese passt zu den vor Ort installierten technischen Sicherheitseinrichtungen.

Abbildung 37, Helikopterlandeplatz auf einer Offshore-Plattform

Erfolgt der Transport mit dem Helikopter, wird in den meisten Fällen eine zusätzliche Sicherheitsausbildung mit der Bezeichnung HUET (Helicopter Underwater Escape Training) gefordert. Nur in Einzelfällen (z. B. VIP-Regelungen) ist eine Unterweisung durch den Piloten ausreichend. Dieser ist dann besonderer Beachtung zu schenken. Unter anderem werden auch immer Gefahrenbereiche beim Ein- und Ausstieg thematisiert.

Abbildung 38, Gefahrenbereiche des Helikopters

Für alle Zugangsmöglichkeiten gilt, dass der gleichzeitige Lastentransport und Personentransfer verboten ist. Sämtliches Equipment und Material wird in sogenannten Bigbags gekrant oder gewincht. Ein Bigbag (großer Sack) ist ein flexibler Schüttgutbehälter. International spricht man auch vom FIBC – Flexible Intermediate Bulk Container.

Abbildung 39, Materialtransport mit FIBC

5.1. Gefahren beim Transfer

Abhängig von der Verschiedenheit der Transfermöglichkeiten und -arten in der Windkraftindustrie existieren die unterschiedlichsten Gefährdungen. Die folgende Auflistung ist nur auf die wesentlichen Gefahren beschränkt. Jedes Transportmittel und jede Form von Überstieg besitzt seine spezifischen Besonderheiten, die es zu beachten gilt. Wie bereits in Kapitel 2.2. erwähnt, muss der Unternehmer eine solide Gefährdungsbeurteilung durchführen. Aus dieser sind dann die entsprechenden Maßnahmen zur Verminderung der Gefahren ersichtlich. Benötigte und zur Anlage passende persönliche Schutzausrüstung und Rettungsmittel werden vom Unternehmer gestellt. Ganz entscheidend ist, dass die Mitarbeiter in ihrer Benutzung unterwiesen und ausgebildet sind.

Gefährdungen beim Transfer mit dem Schiff:

- Wetterbedingungen (Eis, Sturm, Regen, Gischt, etc.)
- Seekrankheit
- Schiffbruch, Kollision, Feuer, Explosion
- Sprache, Kommunikation, Nationalitätenkonflikte
- Alkohol, Drogen
- Anfahrtszeiten, Arbeitszeiten, Ruhezeiten
- Psychische Belastung
- Lange Hilfsfristen bei medizinischen Notfällen
- Vibrationen
- Abgase der Hauptmaschine
- Ladung
- Rettungsmittel, Manöver (Signalraketen, Pressluftatmer)

Zusätzliche Gefährdungen beim Transfer mit dem Helikopter:

- Wetterbedingungen (Turbulenzen, Seegang)
- Flugkrankheit
- Temperaturen in der Kabine in Kombination mit dem Arbeits-
  überlebensanzug

Egal wie gut der Unternehmer seine Verantwortung wahrnimmt und somit seinem Mitarbeiten ein hohes Maß an Sicherheit garantiert – es bleibt ein Arbeitsplatz mit einem höheren Gefährdungspotential als der klassische Büroarbeitsplatz. Dessen sollten sich alle Beteiligten stets bewusst sein. Auch der Mitarbeiter ist laut Arbeitsschutzgesetz zur Mitarbeit verpflichtet und sollte, sofern notwendig, jederzeit Vorschläge zur Verbesserung der Sicherheit machen.

5.2. Transferschiffe

In der Windkraftindustrie kommen, auch in Abhängigkeit von der Art der Anlagen, deren Position und der Arbeitsaufgabe, für den Personentransport unterschiedlichste Schiffe (engl. CTV = Crew Transport Vessel) zum Einsatz. Die Beachtung und Einhaltung der später beschriebenen Grundsätze einer Seemannschaft und ein entsprechendes Sicherheitsbewusstsein sind für den Transport unerlässlich.

Große und moderne Schiffe besitzen einen hohen Versorgungskomfort für Crew und Passagiere. Dazu gehören Schlafkojen, Sanitäranlagen und Sicherheitseinrichtungen. Für den sicheren Überstieg sind die Schiffe mit extra dafür vorgesehenen und zu den Anlagen passenden Einrichtungen ausgestattet. Das reicht vom einfachen Bugfender bis hin zu bewegungskompensierten Gangwaysystemen (z. B. Ampelmann), die in der Lage sind die Schiffsbewegungen auszugleichen und den Überstieg auch bei unruhiger See erlauben.

Reine Crew-Transfer-Schiffe sind Spezialschiffe, die viele Vorgaben der beteiligten Parteien erfüllen müssen. Sie müssen einen wirtschaftlichen Transfer ermöglichen. Dabei kommt es immer zu einem Balanceakt zwischen geringem Verbrauch und hoher Geschwindigkeit. Betriebsstoffe sind äußerst kostenintensiv; anderseits ist die Fahrt zum Arbeitsplatz unproduktive Zeit, in welcher jeder Mitarbeiter Geld kostet. Deshalb versucht man oft die Fahrzeit für Unterweisungen etc. zu nutzen. Eine weitere Anforderung an die Schiffe ist die Tauglichkeit für möglichst viele Wetterbedingungen. Man möchte die Passagiere sicher und möglichst ohne Seekrankheit transportieren. Bereits mit der Auswahl des Schiffsrumpfes kann man diese Vorgaben berücksichtigen. Neben der klassischen Rumpfform kommen immer öfter spezielle und für die Aufgaben besser geeignete Spezialrümpfe zum Einsatz. Eine der letzten Entwicklungen ist eine Sonderform des Katamarans, der SWATH -Rumpf. Diese Spezialrümpfe sind wesentlich unempfindlicher gegen Seegang und erlauben höhere Geschwindigkeiten.

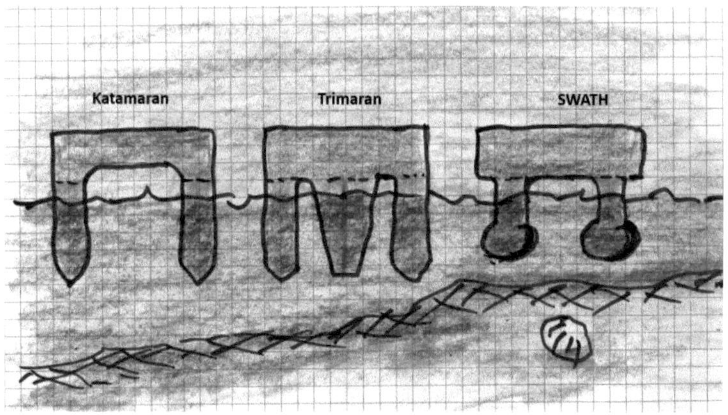

Abbildung 40, Verschiedene Bauformen von Schiffsrümpfen

Abbildung 41, Crew Transfer Vessel

Abbildung 42, Passagierbereich eines Crew Transfer Vessels

5.3. Sicherer Überstieg vom Hafen zum Schiff

Der sichere Überstieg im Hafen auf ein Schiff ist in der Regel unproblematisch zu realisieren. Dies liegt zum einen daran, dass eine Seite des Überstieges (die Kaikante) als statisch angesehen werden kann. Sie folgt keinen Seegangsbewegungen und ist genau für diesen Zweck konstruiert und geeignet. Zum anderen sind die Prozeduren und eingesetzten Hilfsmittel lange erprobt und bewährt. Trotzdem erfolgt der Überstieg unter Beachtung vorgegebener Regeln. Es gibt die unterschiedlichsten Beschaffenheiten und Kombinationen von Kaikante, Schiffe und Hilfsmittel. Deshalb kann an dieser Stelle nur für mögliche Gefahren sensibilisiert und das Verfahren allgemein beschrieben werden. Ausschlaggebend für die Praxis sind immer die schriftlich festgelegten Prozeduren der Reederei oder des Charterers. Das Verfahren besteht normalerweise aus den folgenden grundlegenden Schritten:

- Anlegen der für den Einsatz geforderten Arbeitsschutzmittel (i. d. Regel Helm, Schuhwerk, wettergerechte Arbeitskleidung, Schwimmwesten); weitere persönliche Schutzausrüstung (zum Beispiel gegen Absturz) ist an dieser Stelle meist hinderlich, sorgt eher für ein erhöhtes Gefährdungspotential und wird vornehmlich erst später an Bord für den Überstieg auf das Offshore-Bauwerk angelegt
- Bereitstellen von anschließend zu kranendem persönlichen Arbeits- und Sicherheitsequipment, Werkzeugen, Abseilgeräten, Material etc.
- Geregelter Überstieg – immer nach vereinbarten Kommandos; die Crew gibt Hilfestellung und zusätzliche Hinweise und achtet auf die Einhaltung der Sicherheitsvorschriften

Sobald alle Personen und das gekrante Material/Equipment an Bord sind, wird jedem Passagier ein Sitzplatz bzw. eine Kammer zugewiesen. Oft wird eine Personenliste geführt, auf welcher man mit seiner Unterschrift die Anwesenheit auf dem Schiff bestätigt. Parallel dazu oder unmittelbar danach erfolgen Sicherheitsunterweisungen. Ausrüstungsgegenstände und Material werden von der Schiffsbesatzung seefest verstaut.

5.4. *Sicherheitsunterweisungen an Bord*

Für jeden Transfer von Personen, egal ob mit dem Schiff oder dem Helikopter, muss eine Sicherheitseinweisung erfolgen. Dabei wird immer auf alle Besonderheiten des Transportmittels hingewiesen und richtige Verhaltensweisen im Notfall werden erläutert. In der Regel geschieht dies durch ein Video, welches vor dem Betreten (Helikopter) oder unmittelbar danach (Schiff) von einer beauftragten Person gezeigt wird.

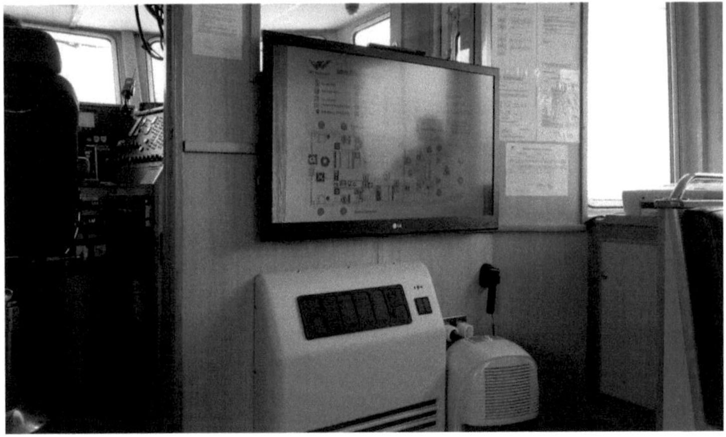

Abbildung 43, Sicherheitsunterweisung an Bord eines CTV

Die Sicherheitsunterweisungen sind unbedingt notwendig, da eine Vielzahl unterschiedlicher, arbeitsortbezogener Prozeduren, Offshore-Anlagen und Schiffstypen genutzt werden. Sie erfolgen immer in Abstimmung zwischen der Reederei und dem Auftraggeber. Der zuständige Unternehmer hat dafür Sorge zu tragen, dass diese Sicherheitsunterweisungen inhaltlich verstanden werden (Sprache) und muss nach den Vorstellungen der Unfallversicherer die Möglichkeit der Interaktion zwischen Unterweisenden und Unterwiesenen sicherstellen. Dazu reicht es nach geltender Rechtsprechung nicht aus, unbeaufsichtigt ein Video vorzuführen oder die Sicherheitsunterweisung auf die Aushändigung eines Merkblattes zu reduzieren. Bei beiden Varianten besteht keine Möglichkeit für eventuelle Rückfragen. Die durchgeführte und verstandene Sicherheitsunterweisung wird mit der Unterschrift der Passagiere dokumentiert.

5.5. Sicherer Überstieg vom Schiff zur Offshore-Anlage
Für den Überstieg vom Schiff zur Offshore-Anlage gibt es unterschiedliche vorgeschriebene Prozeduren. Diese Vielzahl ergibt sich aus den unterschiedlichen Bauformen der Schiffe, baulichen Unterschieden der Offshore-Anlagen sowie durch die vor Ort vorhandenen technischen Möglichkeiten für den Überstieg. Somit kann im Sea-Survival-Training nur der grobe Ablauf des Überstiegs besprochen und die Mitarbeiter für mögliche Gefahren sensibilisiert werden.

Grundsätzliche Verhaltensregeln für den Überstieg vom Schiff auf die Offshore-Anlage:

- Während des Transports halten sich die Passagiere in den ihnen zugeteilten Aufenthaltsbereichen auf
- Erst wenn klare Anweisungen der Besatzung erfolgen, darf mit den Vorbereitungen zum Überstieg begonnen werden. Das ist in der Regel erst der Fall, wenn das Schiff sicher an der Offshore-Anlage festgemacht hat
- Anlegen der vorgeschriebenen persönlichen Schutzausrüstung (Arbeitsüberlebensanzug, Rettungsweste, persönliche Schutzausrüstung gegen Absturz)
- Erst auf Anweisung wird der Platz verlassen und in den Bereich zum Überstieg vorgerückt
- Im Bereich des Überstiegs gibt die sogenannte „Deckshand" (Besatzungsmitglied) meist die weiteren Anweisungen und leistet Unterstützung
- Vorhandene Sicherheitseinrichtungen wie z. B. Höhensicherungsgeräte sind unbedingt zu benutzen und müssen vor der Benutzung auf ihre einwandfreie Funktion geprüft werden
- Beim Überstieg ist immer auf den Seegang zu achten
- Es wird einzeln übergestiegen
- Der spätere Rückweg erfolgt in umgekehrter Reihenfolge ebenfalls unter Anweisung der Besetzung

Bei keiner Form des Überstiegs kann ein Hineinfallen in das Wasser zu 100 % ausgeschlossen werden. Wie oben bereits beschrieben, gibt es für den Schutz der Gesundheit die unterschiedlichsten Ausführungen von persönlicher Schutzausrüstung. Zwei Probleme können aber mit den genannten Maßnahmen nicht gelöst werden: die Erkenntnis, dass jemand über Bord gegangen ist und das Wiederfinden der ins Wasser gefallenen Person. Gerade bei schlechter Sicht und Strömung stellt letzteres das wesentlich größere Problem dar. Ein Rettungsring hilft hier nur in sehr engen Grenzen. Eine weitaus bessere Lösung ist der Einsatz von PLBs – Persönlichen Notfunk Baken (engl. PLB = Personal Locator Beacon). Dabei handelt es sich um Geräte, die sich bei Wasserkontakt oder beim Auslösen der aufblasbaren Rettungsweste aktivieren und den GPS-Standort der verunglückten Person über UKW-Frequenzen des AIS (Automatic Identification System, ein System zur Identifikation von Schiffen) senden. Dazu ist der PLB unmittelbar an der Person befestigt. Der Schiffsführer kann auf seinen Instrumenten die Position der im Wasser schwimmenden Person sofort ausfindig machen.

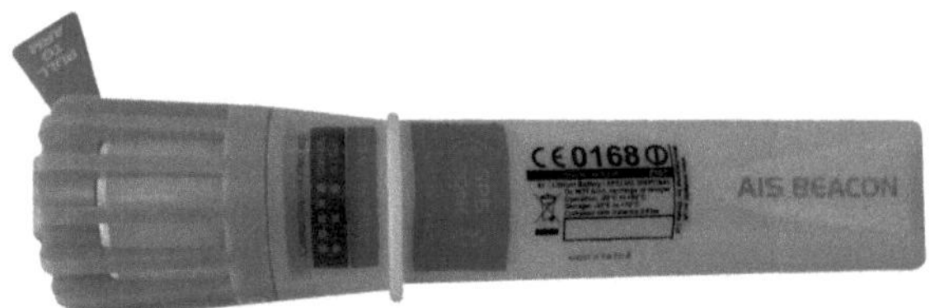

Abbildung 44, Personal Locator Beacon

Abbildung 45, Rettungsweste mit integrierter PLB

Wenn persönliche Schutzausrüstung gegen Absturz für den Überstieg zum Einsatz kommt, ist sehr genau auf die Kombination mit anderer persönlicher Schutzausrüstung zu achten. Die einzelnen Bestandteile können sich gegenseitig behindern oder gar zur völligen Funktionsunfähigkeit der Schutzausrüstung führen, z. B. ein über der aufblasbaren Rettungsweste getragener Gurt. Bestehen Zweifel an der Kombinationsmöglichkeit, hat der Unternehmer durch Tests die sichere Funktionsweise zu überprüfen. Da einige Hersteller von persönlichen Schutzausrüstungen diese Probleme bereits erkannt haben, versuchen sie, diesen mit neuen Produktentwicklungen zu begegnen. Ein Beispiel dafür sind Arbeitsüberlebensanzüge, die über speziell dafür ausgelegten Gurten getragen werden. Die Brustöse ist als Anschlagpunkt für das Höhensicherungsgerät nach außen geführt und ist durch ein Verschlusssystem sicher mit dem Gurt verbunden. Ein weiterer positiver Aspekt dieser Lösung ist der Schutz der Schutzausrüstung vor Wetterbedingungen und den dadurch bedingten Verschleiß.

Abbildung 46, Arbeitsüberlebensanzug mit durchgeführter Brustöse der PSAgA

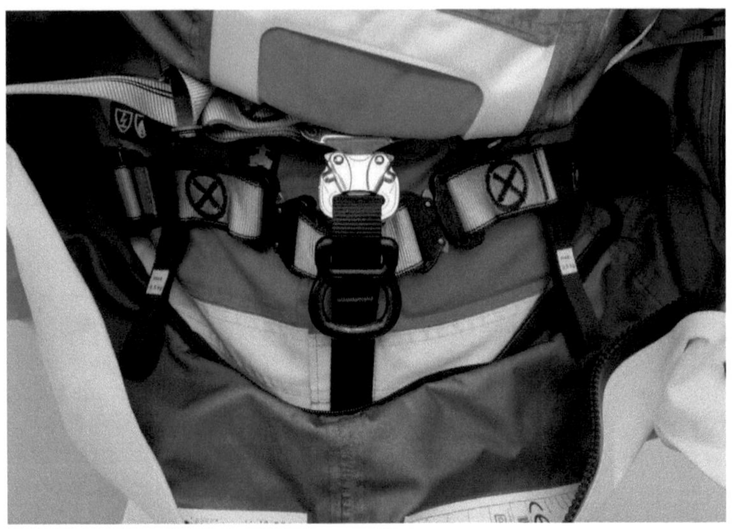

Abbildung 47, Verbindung Gurt/Arbeitsüberlebensanzug

5.6. Sicherer Überstieg von Schiff zu Schiff

Verschiedene Situationen machen es offshore notwendig, einen Überstieg von Schiff zu Schiff zu realisieren. In jedem Fall müssen beide Schiffsführer ihr Vorhaben eindeutig absprechen. Der einfache Fall, dass beide Freiborde etwa gleich hoch sind, wird selten eintreten. Somit muss über die Nutzung von technischen Einrichtungen entschieden werden. Es gibt speziell mit einer Boatlanding-Anlage ausgerüstete Schiffe, die sich für den Überstieg von Schiff zu Schiff besonders eignen. Die klassische Lotsenleiter ist meist die schlechteste Wahl für den Überstieg. Auch für diese Form des Überstiegs kann nur auf die vorgeschriebenen Prozeduren und die Anweisungen der Schiffsbesatzungen verwiesen werden. Im Vorfeld muss geklärt sein, welche persönliche Schutzausrüstung für den Überstieg zum Einsatz kommt. Ein Überstieg wird in der Regel auf der windabgewandten Seite des größeren Schiffs und bei Stillstand beider Schiffe erfolgen. Auch für diese Form des Überstiegs empfiehlt sich dringend der Einsatz von PLBs.

6. Rettungskonzepte

Rettungskonzepte werden immer für den Notfall erstellt. Bevor über ein Rettungskonzept nachgedacht werden kann, muss ein sinn- und wirkungsvolles Präventionskonzept (Sicherheitskonzept) erstellt werden. Es geht immer erst einmal darum, Notfälle gar nicht entstehen zu lassen. Das Präventionskonzept ist die Grundlage für das Rettungskonzept, in dem sowohl der Transportweg als auch der Arbeitsplatz selbst berücksichtigt werden muss.

Deshalb soll in den folgenden Abschnitten auf das grundsätzliche seemännische Verhalten, Knoten sowie Gefahren- und Notsignale eingegangen werden. Gerade im Notfall ist es unabdingbar, dass alle Beteiligten die gleiche Sprache sprechen. Es ist wichtig, dass die Sprache des Gegenübers verstanden wird und Situationen sowie Signale gleich interpretiert werden. Für beide genannten Konzepte ist es wichtig, klare Kommunikationslinien, Verantwortlichkeiten, Ausbildungs- und Trainingsstandards sowie Verantwortlichkeiten festzulegen.

Seemannschaft
Neben den eigentlichen windenergiespezifischen Themen, wie der gesicherte Überstieg von oder auf das Schiff, ist auch die Seemannschaft (das Verhalten auf einem Schiff) ein unausweichliches Thema. Besatzung und Passagiere sollten sich gegenseitig helfen und auf einen gemeinsamen Wortschatz zurückgreifen können. Das ist vor allem in Notsituationen ein wichtiger Faktor, der im Zweifelsfall über Leben und Tod entscheiden kann.

Grundsätzliche Verhaltensregeln an Bord:

*   Auf Warnrufe achten, diese ggf. wiederholen
*   Notmeldungen schnell an Brücke weitergeben
*   In Notsituationen Ruhe bewahren
*   Unbedingt zu beachten sind: Gebots-, Warn-, Verbots- und Hinweisschilder, sowie Aushänge, Unfallverhütungsvorschriften, Richtlinien, Merkblätter und Betriebsanleitungen
*   Persönliche Schutzausrüstung/Arbeitskleidung tragen
*   Kein Verhalten, das sich selbst oder andere gefährdet
*   Rutschgefahr berücksichtigen

- Niemals an Türrahmen festhalten (zuschlagende Türen oder Luken)
- Lose Gegenstände seefest verstauen und laschen
- Ausreichend Abstand von beweglichen Maschinenteilen

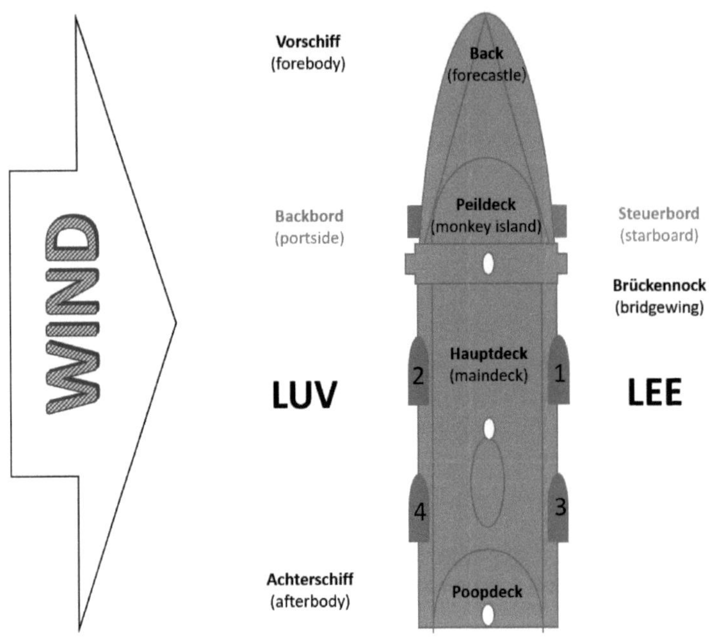

Abbildung 48, Seemännische Grundbegriffe

Beaufort	m/s	km/h	Bezeichnung	Auswirkung auf die See	Wirkung an Land
0	0 - 0.2	< 1	Windstille	Spiegelglatte See	Keine Luftbewegung, Rauch steigt senkrecht empor
1	0.3 - 1.5	1 - 5	Leiser Zug	Kleine Kräuselwellen ohne Schaumkämme	Kaum merklich, Rauch treibt leicht ab, Windflügel und Windfahnen unbewegt
2	1.6 - 3.3	6 - 11	Leichte Brise	Kleine, kurze Wellen, glasige, nicht brechende Kämme	Blätter rascheln, Wind im Gesicht spürbar
3	3.4 - 5.4	12 - 19	Schwache Brise	Kämme beginnen sich zu brechen. Schaum glasig, vereinzelt Schaumköpfe.	Blätter und dünne Zweige bewegen sich, Wimpel werden gestreckt
4	5.5 - 7.9	20 - 28	Mäßige Brise	Kleine, längere Wellen. Verbreitet Schaumköpfe.	Zweige bewegen sich, loses Papier wird vom Boden gehoben
5	8.0 - 10.7	29 - 38	Frische Brise	Lange, mäßige Wellen. überall Schaumkämme	Größere Zweige und Bäume bewegen sich, Wind deutlich hörbar
6	10.8 - 13.8	39 - 49	Starker Wind	Größere Wellen und Schaumflächen, Kämme brechen, etwas Gischt	Dicke Äste bewegen sich, hörbares Pfeifen an Drahtseilen, in Telefonleitungen
7	13.9 - 17.1	50 - 61	Steifer Wind	See türmt sich, Schaum legt sich in Windrichtung	Bäume schwanken, Widerstand beim Gehen gegen den Wind
8	17.2 - 20.7	62 - 74	Stürmischer Wind	Mäßig hohe Wellenberge mit langen Kämmen, Gischt weht ab, Schaumstreifen	Große Bäume werden bewegt, Fensterläden werden geöffnet, Zweige brechen von Bäumen, beim Gehen erhebliche Behinderung
9	20.8 - 24.4	75 - 88	Sturm	Hohe Wellenberge, dichte Schaumstreifen, See "rollt". Gischt beeinträchtigt Sicht	Äste brechen, kleinere Schäden an Häusern, Ziegel und Rauchhauben werden von Dächern gehoben, Gartenmöbel werden umgeworfen und verweht, beim Gehen erhebliche Behinderung
10	24.5 - 28.4	89 - 102	Schwerer Sturm	Sehr hohe Wellenberge, lange überbrechende Kämme. See, weiß durch Schaum, rollt schwer und stoßartig, Gischt beeinträchtigt Sicht	Bäume werden entwurzelt, Baumstämme brechen, Gartenmöbel werden weggeweht, größere Schäden an Häusern; selten im Landesinneren
11	28.5 - 32.6	103 - 117	Orkanartiger Sturm	Extrem hohe Wellenberge. Wellenkämme werden überall zu Gischt zerblasen, Sicht herabgesetzt	Heftige Böen, schwere Sturmschäden, schwere Schäden an Wäldern (Windbruch), Dächer werden abgedeckt, Autos werden aus der Spur geworfen, dicke Mauern werden beschädigt, Gehen ist unmöglich; sehr selten im Landesinneren
12	> 32.7	> 118	Orkan	Luft mit Schaum und Gischt angefüllt, See vollständig weiß, Sicht stark herabgesetzt	Schwerste Sturmschäden und Verwüstungen; sehr selten im Landesinneren

Abbildung 49, Windstärken

Die Positionslichter werden zwischen Sonnenuntergang und Sonnenaufgang, sowie am Tag bei undurchsichtigem Wetter wie folgt geführt:

- Mitte (Top, Heck) = weiß
- Steuerbord, SB (Starboard) = grün
- Backbord, BB (Portside) = rot

Damit wird die Fahrtrichtung eines Schiffes eindeutig bestimmbar. Kleine Schiffe (unter 7 m, Rettungsmittel sowie Flöße und Inseln) benötigen nur ein weißes Toplicht.

Knoten
Seemannsknoten sind besondere Knoten für den Schiffsbetrieb, die sich durch Festigkeit unter Zugbelastung und leichte Lösbarkeit auch im nassen Zustand auszeichnen.

- Seile werden als Tau oder Leine bezeichnet
- Ein Ende ist eine kurze Leine

- Eine Bucht ist eine Schlaufe bzw. ein U-förmiger Verlauf einer Leine
- Ein Auge ist eine Bucht, deren Enden sich überkreuzen
- Ein Stek (Stich) ist ein Seemannsknoten, der nur unter Belastung hält, da er sich selbst „bekneift", somit auch nach Belastung sehr leicht zu lösen
- Ein Knoten ist alles, was auch ohne Belastung hält, meistens nach Belastung sehr schwer zu lösen
- Ein Schlag (oder halber Schlag) bezeichnet das Umwickeln eines anderen Objekts (z. B. Klampe)
- Ein Törn ist ein seemännischer Knoten an einem feststehenden Objekt, beispielsweise am Ring
- Ein Spleiß ist eine dauerhafte Verbindung, die durch das Verflechten einzelner Stränge eines Taues entsteht, beispielsweise ein im Tau eingearbeitetes Auge (Augspleiß)

Dazu eine Auswahl von Seemannsknoten:

Abbildung 50, Kopfschlag

Der Kopfschlag wird zum Festmachen der Leine an einer Klampe genutzt. Der Seemann spricht auch davon, dass die Klampe belegt wird. Der Kopfschlag sichert die Leine gegen unabsichtliches Lösen und kann auch nach hoher Belastung wieder leicht gelöst werden.

Abbildung 51, Rundtörn mit zwei halben Schlägen

Der Rundtörn ist genau genommen eine Grundform in der Knotenkunde. Er dient dazu, die Kraft zum Halten eines Objekts zu verringern. An dem losen Part muss eine geringere Kraft (40 %) ausgeübt werden, da ein an dem stehenden Part festgemachtes Objekt zusätzlich die Seilreibung an der Umwicklung überwinden muss. Die zwei halben Schläge sichern den Rundtörn ab; damit kann das lose Ende auch losgelassen werden. Der Rundtörn lässt sich nach Belastung in der Regel einfach lösen.

Abbildung 52, Palstek

Der Palstek ist ein Seemannsknoten, der zum Knüpfen einer festen Schlaufe angewandt wird. Er ist der in der Seefahrt am häufigsten verwendete Knoten. Gerade beim Palstek besteht aber auch die Gefahr, dass er sich ohne Belastung lösen kann. Deshalb wird er ungesichert niemals zur Personensicherung eingesetzt. Der große Vorteil des Palsteks ist, dass er auch nach höchster Beanspruchung wieder leicht zu lösen ist.

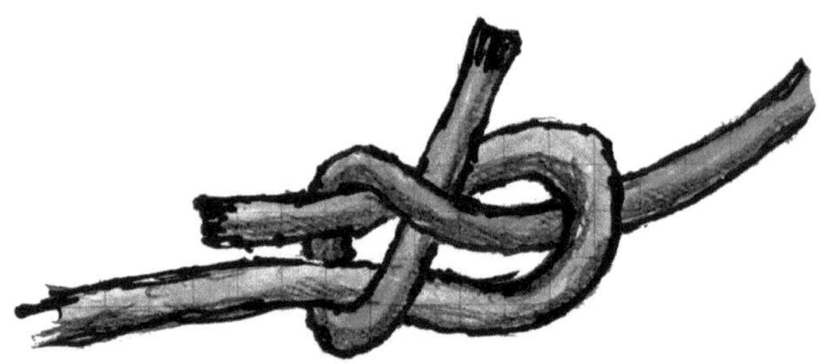

Abbildung 53, Schotstek

Der Schotstek wir benutzt, um zwei Enden ungleicher Stärke miteinander zu verbinden. Er löst sich ohne Belastung sehr leicht und halbiert die Belastbarkeit des Seiles.

Gefahrensignale
Ein schneller, präziser Informationsaustausch zwischen Menschen ist sinnvoll durch künstliche, also eindeutig als nicht natürlichen Ursprungs erkennbare Signale zu gestalten. Signale werden seit der Antike in den verschiedensten Bereichen eingesetzt und sind auch in der Gegenwart neben Sprachverbindungen gebräuchlich. Sie kommen in der Regel zum Einsatz, wenn andere Informationswege zu langwierig oder zu ungenau sind, bzw. gar nicht genutzt werden können. Schall- und Lichtsignale werden aus langen (Strich, ca. 4 Sek.) und kurzen (Punkt, ca. 1 Sek.) Impulsen zusammengesetzt.

Das wohl bekannteste Signal ist SOS. Anders als oft behauptet steht die Abkürzung SOS nicht für „Save Our Souls". Im April 1904 wurde bei der deutschen kaiserlichen Marine die Morsegruppe dreimal kurz, dreimal lang, dreimal kurz als Notzeichen eingeführt. Der Grund war einfach deren Auffälligkeit und Symmetrie. Es ging dabei nicht um die Buchstaben, die hinter den Zeichen stehen. Man hat diese Morsegruppe als Notzeichen zur Unterbrechung des Funkverkehrs genutzt und sollte durch seine Verwendung alle anderen Funkstationen zur Funkstille auffordern.

Auch an Bord der Schiffe und auf den Offshore-Plattformen werden Signale verwendet. Für Schiffe gibt es dabei international festgelegte Zeichenfolgen. Offshore-Plattformen haben zum Teil ihre Besonderheiten. Auf ihnen gelten nicht immer die Vorgaben der Seefahrt, was auch durchaus zweckmäßig sein kann. Das wichtigste Signal ist der Generalalarm:

7x kurzer Ton, 1x langer Ton

Beim Ertönen des Generalalarms:

- Begeben sich alle an Bord befindlichen Personen so schnell wie möglich auf dem nächsten Wege zu ihrem Sammelplatz
- Legt jede Person feste, den ganzen Körper bedeckende Kleidung, festes Schuhwerk sowie, wenn verfügbar, einen Schutzhelm an, nimmt warme Kopfbedeckung mit und rüstet sich mit einer Rettungsweste aus
- Bleiben Wachgänger auf ihren Stationen, bis sie abgelöst werden oder vom Einsatzleiter den Befehl zum Verlassen der Station erhalten
- Werden bereits eingeleitete (Brand-) Abwehrmaßnahmen fortgesetzt
- Bleiben die den Fahrgästen zugeteilten Besatzungsmitglieder so lange bei den Unterkunftsräumen, bis diese verlassen und die Fahrgäste auf dem Weg zu ihrem Sammelplatz sind, begleiten die Fahrgäste dorthin und überwachen das Anlegen der Rettungswesten

Seenotsignale

Seenotsignalmittel dienen dazu, eine Seenotsituation anzuzeigen. Es gibt visuelle und akustische Signale. Im Zweifel sind jedoch alle wahrgenommenen potentiellen Seenotsignalmittel unabhängig von deren Farbe ernst zu nehmen. Seenotsignale dürfen nur abgegeben werden, wenn eine Notwendigkeit besteht. Ansonsten haben Helfer unter Umständen Anspruch auf Schadensersatz.

Visuelle Notsignale:

- Abfeuern einer Fallschirmleuchtrakete mit rotem Lichtschein
- Zeigen einer Handfackel mit rotem Feuerschein
- Zeigen orangefarbener Rauchsignale
- Abfeuern einer Rakete mit roten Sternen in kurzen Zwischenräumen
- Setzen der Flaggen „N" über „C" (Flaggenalphabet)
- langsames, synchrones seitliches Heben und Senken der Arme
- Signal im Mast aus einer viereckigen Flagge und darüber oder darunter ein Ball
- Abgabe des SOS-Signals durch Lichtsignale: kurz kurz kurz lang lang lang kurz kurz kurz
- Flammen auf dem Fahrzeug, zum Beispiel brennende Teer- oder Öltonnen
- Seewasserfärbung

Akustische Notsignale:

- Dauerabgabe des Schallzeichens (Nebelhorn)
- Abgabe von minütlichen Knall-Signalen
- Gesprochenes „Mayday" auf UKW-Kanal 16
- GMDSS-Seenotmeldung über UKW-Kanal 70
- Abgabe des SOS-Signals durch Morsen über Funk

Es ist zulässig und sinnvoll, mehrere Notrufe gleichzeitig abzusetzen, beispielsweise zunächst eine Signalrakete abzufeuern und dann per Seefunk eine Mayday-Meldung abzusetzen. Es ist wenig hilfreich, sämtliche Raketen abzufeuern, wenn keine Aussicht darauf besteht, dass sie jemand sieht. Mit Fallschirmsignalraketen informiert man weit entfernte Schiffe oder andere Beteiligte darüber, dass ein Notfall vorliegt. Mit der Handfackel oder dem Rauchsignal weist man in Sicht befindliche Retter auf die genaue Position hin.

Sicherheitshinweise für die Benutzung von pyrotechnischen Seenotsignalmitteln:

- Vor der Benutzung immer die aufgedruckte Bedienungsanleitung lesen
- Nie auf Personen richten
- Immer auf freies Schussfeld achten
- Nicht in der Nähe von entzündlichen Stoffen benutzen
- Bei Handfackeln auf Abbrand achten (Windrichtung)
- Rauchsignale immer nach Luv aus der Rettungsinsel werfen
- Pyrotechnische Seenotsignalmittel brennen auch im Wasser weiter
- Nur im Notfall benutzen
- Keine beschädigten Seenotsignalmittel benutzen
- Versager nach Wartezeit außenbords werfen

Abbildung 54, Handfackel

Abbildung 55, Fallschirmsignalrakete

Abbildung 56, Abschuss einer Fallschirmsignalrakete

Erste Hilfe

Die Forderungen des Arbeitsschutzgesetzes, der Unfallversicherungen und des Sozialgesetzbuches nach wirksamen und unverzüglichen Erste-Hilfe-Leistungen im Falle eines Unfalls haben auch für Offshore-Arbeitsplätze Bestand. Dabei sind vor allem die wesentlich längeren Hilfsfristen bis zum Eintreffen der professionellen Rettung zu beachten. Um diese Tatsache zu kompensieren gibt es verschiedene Ansätze unter Berücksichtigung der Verhältnismäßigkeit. Handelt es sich um ein großes Baufeld, in welchem teilweise mehrere hundert Menschen tätig sind, wird man aufgrund gesetzlicher Vorschriften immer speziell ausgebildete Rettungskräfte vor Ort vorhalten. So wird auf Plattformen in der Regel ein eigens dafür ausgebildeter Rettungssanitäter stationiert. Dort, wo kleine Teams zum Einsatz kommen setzt man auf zusätzliche Ausbildung des Personals und dazu passendes Equipment für erweiterte Maßnahmen. Eine Möglichkeit für diese Zusatzqualifikation zeigt die DGUV mit ihrem Konzept zur „Ersten Hilfe in Offshore-Windparks" auf, den sogenannten Ersthelfer Offshore.

Auf Schiffen wird auf die Regelungen der Seeschifffahrt zurückgegriffen. Für die Befähigung zur medizinischen Betreuung auf Schiffen unter der Bundesflagge legt § 109 Seearbeitsgesetz (SeeArbG) entsprechend des verbindlichen EU-Rechts im Wesentlichen fest, dass der Kapitän für die medizinische Betreuung der Besatzung und der beförderten Personen zuständig ist – sofern kein Schiffsarzt an Bord ist. Der Kapitän kann diese Aufgabe an einen Schiffsoffizier übertragen. Sowohl für Kapitäne als auch Schiffsoffiziere, die medizinische Betreuung wahrnehmen, gilt, dass sie über eine Ausbildung verfügen müssen, die eine angemessene medizinische Behandlung und Versorgung an Bord gewährleistet. Unterstützt werden sie in der deutschen ausschließlichen Wirtschaftszone vom MEDICO-Dienst Cuxhaven, einer funkärztlichen Beratungsstelle für Seefahrer. Im Bereich der Seeschifffahrt würde im dringenden Notfall auch die DGzRS oder die SAR-Bereitschaft aktiv werden.

Da selbst professionelle Rettungskräfte nur die Erstversorgung der Patienten vor Ort gewährleisten können, müssen alle Betreiber für die Genehmigung eines Windparks oder einer Offshore-Plattform ein nachweislich wirksames Rettungskonzept bei den zuständigen Behörden einreichen. Dazu gehören in der Regel Verträge mit speziell für die Offshore-Rettung ausgestatteten Rettungsorganisationen. Diese betreiben entsprechende Leitstellen, Helikopter und Kommunikationswege für den Notfall. Eine Rolle spielt hier auch der Einsatz von Geräten für die Telemedizin.

Alle Mitarbeiter müssen vor Arbeitsaufnahme über die Organisation der Ersten Hilfe am jeweiligen Arbeitsplatz informiert werden. Dazu gehören vor allem Ansprechpartner, Kommunikationsmittel und Telefonnummern.

6.1. Notfallpläne an Bord und auf den Anlagen
Die an Bord gehenden Passagiere und die an den Offshore-Anlagen arbeitenden Mitarbeiter kennen ihre persönlichen Rettungsmittel und die Grundsätze der Seemannschaft. Sie haben sich davon zu überzeugen, dass an ihrem Arbeitsplatz funktionierende Rettungseinrichtungen vorhanden sind und die Kommunikation mit dem Transportschiff und möglichst auch zu Einrichtungen auf dem Festland funktioniert. Offshore-Notfälle haben die Spezifik eines Seenotfalls, bei dem in jedem Fall mit einer im Vergleich zu Arbeitsplätzen an Land deutlich verzögerten Hilfeleistung zu rechnen ist. Neben der Entfernung vom Festland spielt das Wetter eine entscheidende Rolle.

Wirksame Notfallpläne sind die erste Voraussetzung für ein zielorientiertes Handeln bei Notfällen. Die Einweisung der Mitarbeiter in diese arbeitsplatzbezogenen Unterlagen ist zwingend notwendig und erfolgt beim Betreten des Arbeitsplatzes oder unmittelbar danach. Die Sicherheitsrolle auf dem Schiff enthält Festlegungen zur Verantwortlichkeit jedes Crewmitglieds im Notfall. Sie regelt die Verhaltensweise bei Generalalarm und beim Signal zum Verlassen des Schiffes. Ohne Befehl des Kapitäns oder seines Stellvertreters darf kein Überlebensfahrzeug zu Wasser gelassen werden.

Der Aushang des Brandschutz- und Sicherheitsplans an gut einsehbarer Position ist für alle Schiffe unter deutscher Flagge und Offshore-Anlagen in der deutschen AWZ generell vorgeschrieben. Auf Schiffen anderer Flaggen ist nur der Brandschutzplan vorgeschrieben. Es kommen auf den Plänen internationale Piktogramme zur Anwendung (sogenannte IMO Signs), von denen die wichtigsten bekannt sein sollen. Sie untergliedern sich, eingeordnet in farblich gekennzeichnete Gruppen, u. a. in:

- Rot = Brandschutz
- Grün = Flucht- und Rettungskennzeichen
- Gelb = Warnhinweise

Abbildung 57, Brandschutz- und Sicherheitsplan Transition Piece

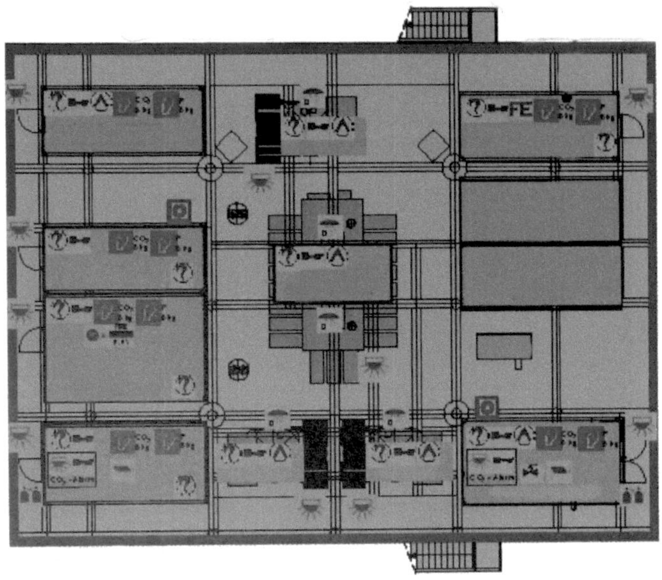

Abbildung 58, Brandschutzplan

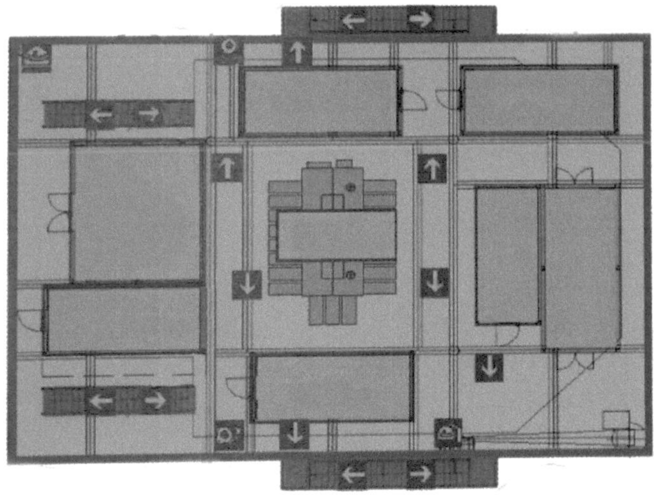

Abbildung 59, Sicherheitsplan

Feuer auf See ist in jedem Fall ein spezielles Problem, dessen Bekämpfung von speziell ausgebildeten Personen (Besatzungsmitglieder der Schiffe oder Emergency Response Teams) vorgenommen werden muss. Alle anderen Personen beschränken sich auf das Melden von Bränden und das Bekämpfen von Entstehungsbränden.

7. Person über Bord

Ein Person-über-Bord-Unfall ist immer ein besonders stressbehafteter Zustand, der in der Regel unerwartet eintritt und eine höchste psychische Belastung für alle beteiligten Personen darstellt. Dabei muss in erster Linie die Situation richtig beurteilt werden. Jeder Fall verlangt ein ruhiges, qualifiziertes und zielstrebiges Handeln aller Beteiligten, auch von Beobachtern, die sich in unmittelbarer Nähe des Geschehens befinden. Der wichtigste Punkt ist, dass überhaupt bemerkt wird, dass eine Person über Bord gefallen ist.

Die schlechteste Situation ist sicher, wenn eine Person unbemerkt und unabsichtlich von einem Schiff oder von der Plattform über Bord gegangen ist. Es muss dann immer davon ausgegangen werden, dass die Person völlig ungeschützt gegen kalte Temperaturen und Seegang im Wasser treibt. Bei einer Plattform kommt noch die große Sturzhöhe hinzu, die leicht über 20 Meter betragen kann. Ein unbeabsichtigter Sturz aus einer solchen Höhe aufs Wasser hat meist auch physische Schäden zur Folge. Wird der Vorfall nicht von der Besatzung oder einem Kollegen bemerkt, ist es meist zu spät, wenn das Fehlen der Person bemerkt wird. Der einzige sinnvolle Weg ist hier, im Vorfeld zu verhindern, dass solche Situationen überhaupt eintreten – Prävention. Eine mögliche Lösung wäre beispielsweise, grundsätzlich das Tragen von PLBs im Außenbereich des Schiffes oder der Plattform vorzuschreiben, damit der Unfall überhaupt bemerkt wird. Alternativ kann man auch unterbinden, dass sich Personen alleine in diesen Bereichen aufhalten.

Eine andere Situation ist der Person-über-Bord-Unfall beim Überstieg. Grundsätzlich ist diese Situation natürlich nicht weniger schlimm oder gefährlich. In der Regel tragen aber alle Beteiligten entsprechende Schutzausrüstung und PLBs. Dazu kommt, dass der Überstieg nie unbemerkt und alleine erfolgt. Somit wird der Unfall meist sofort bemerkt. Durch die Schutzausrüstung und das schnelle Wahrnehmen der Situation gewinnt man lebenswichtige Zeit. Eine besonderes Risiko beim Überstieg ist sicher die Gefahr, dass es beim Sturz zu schweren Verletzungen durch das Boot oder die Anlagen kommen kann.

Eine wichtige Voraussetzung für die erfolgreiche Rettung ist immer eine möglichst gute Sichtbarkeit der über Bord gegangenen Person. Besonders in unübersichtlichen Situationen, also bei Wind, Welle und Dunkelheit ist dunkle Bekleidung nicht zielführend, da sie nicht vom Wasser unterschieden werden kann. Deshalb sollte als Mindestvoraussetzung im Außenbereich von Schiffen oder Plattformen hoch sichtbare Kleidung getragen werden.

7.1. Verhaltensregeln bei Person-über-Bord-Unfällen
Unabhängig davon, wie und wo der Person-über-Bord-Unfall passiert ist – der erste Schritt ist immer das Werfen des Rettungsrings, idealerweise mit Leucht- und Rauchsignal. Parallel dazu muss die Schiffsführung alarmiert werden.

Abbildung 60, Licht-Rauch-Signal

Das kann unter anderem durch lautes Rufen von „Person über Bord" geschehen. Der Rettungsring sollte möglichst schnell und möglichst nah an die verunfallte Person geworfen werden. Das Ausbringen des Rettungsrings hat zwei wesentliche Gesichtspunkte. Zum einen ist es ein Zeichen für die im Wasser treibende Person, dass der Unfall bemerkt wurde. Wenn man bedenkt, dass das Schiff bei einer Geschwindigkeit von 10 Knoten bereits pro Minute 300 Meter zurücklegt, schwindet die Hoffnung auf Rettung sehr schnell. Zum anderen lässt die Reaktion des Verunfallten Rückschlüsse auf seine physische und psychische Verfassung zu und klärt die Frage, ob er in der Lage ist, bei seiner Rettung aktiv mitzuarbeiten.

Die eigentliche Rettung erfolgt dann normalerweise mit einem ausgesetzten Rettungsboot, da die Gefährdung für die im Wasser treibende Person durch ein Schiff zu groß bzw. auch das hohe Freibord oder die Höhe der Plattform für eine Rettung unüberwindbar ist. Kleinere Crew Transfer Vessel sind wendig genug um die Rettung ohne das Aussetzen eines Rettungsbootes durchzuführen, zumal meist kein Rettungsboot an Bord ist. Dafür sind spezielle Rescue-Zonen eingerichtet. Dort wird in der Regel auch für eine Rettung notwendiges Equipment (Rettungsnetz, Tragen, Kran) vorgehalten.

Abbildung 61, Rescue-Zone eine Offshore-Schiffes

Um die im Wasser befindliche Person an Bord zu holen, kommen die unterschiedlichsten Hilfsmittel zum Einsatz. Am häufigsten werden Rettungsnetze genutzt, deren Einsatz vom Schiff, teilweise unter Nutzung des Bordkrans, oder vom Boot erfolgt. Dazu wird das

Rettungsnetz an der Reling montiert und kann von den im Wasser treibenden Personen, die dazu noch selbstständig in der Lage sind, als Leiter genutzt werden.

Abbildung 62, Jason's Cradle als Leiter

Eine weitere Einsatzmöglichkeit ist das Aufnehmen von bewusstlosen oder entkräfteten Personen. Dazu wird mit dem Netz eine Art Wiege gebildet, in welche der Verunfallte hineingezogen wird.

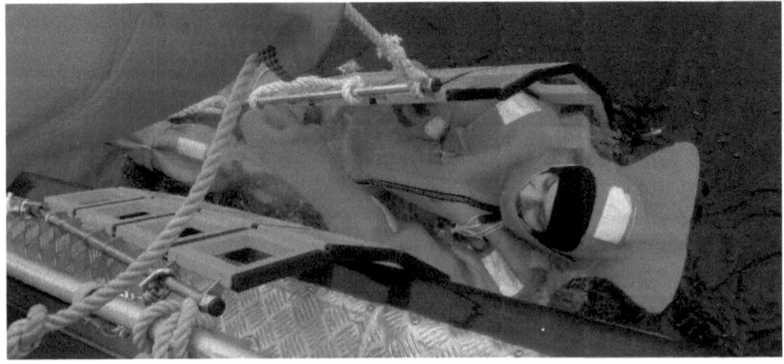

Abbildung 63, Rettung einer Person mit dem Jason's Cradle

Dann wird die Person mit dem Netz an Bord geholt. Der Einsatz erfolgt sehr kräfteeffizient, so dass auch schwerere Personen inklusive nasser Kleidung aufgenommen werden können.

Ein sehr bekanntes Rettungsnetz ist das „Jason's Cradle". Genau genommen handelt es sich dabei um einen Markennamen. Wie so oft wird dieser Name aber auch für andere Rettungsnetze benutzt. Es gibt etliche Varianten, die sich für die unterschiedlichen Situationen mehr oder minder gut eignen.

Das Bergen „von Hand" und ohne technische Hilfsmittel wird in den meisten Fällen unmöglich sein, da der Höhenunterschied und das Gewicht der im Wasser befindlichen Person zu groß ist.

Bei allen aus dem Wasser geborgenen Personen muss immer, auch in wärmeren Gewässern, mit einer Unterkühlung gerechnet werden.

8. SAR und GMDSS

8.1. SAR

Nach der SAR-Konvention (engl. SAR = Search and Rescue) von 1979 haben alle Küstenstaaten bei Seenot Hilfe zu leisten, die Hilfesuchenden medizinisch zu versorgen und schnell an einen sicheren Ort zu bringen. Dabei koordinieren die staatlichen Seenotleitstellen (engl. MRCC = Maritime Rescue Coordination Centres) die Rettungsmaßnahmen.

In Deutschland wird der Seenotrettungsdienst von der Deutschen Gesellschaft zur Rettung Schiffsbrüchiger (DGzRS) wahrgenommen. Diese originär staatliche Aufgabe wurde der Organisation im Jahre 1982 übertragen. Das deutsche MRCC hat seinen Sitz in Bremen bei der Deutschen Gesellschaft zur Rettung Schiffsbrüchiger. Jeder Mitarbeiter, der offshore tätig wird, sollte die allgemeinen Kontaktdaten des MRCC kennen:

UKW-Funk: Kanal 16

Telefon: +49 421 536 87 - 0

Mobil: +49 124124

Fax: +49 421 536 87 - 14

8.2. GMDSS

Das GMDSS (engl. Global Maritime Distress and Safety System) ist ein weltweites maritimes Notlage- und Sicherheitssystem. Dieses wird im Wesentlichen mit Funk-Notsignalen und den dazugehörenden Informations- und Transportwegen betrieben. Koordinierungsstellen, wie das deutsche MRCC, steuern den Prozess der weltweiten Hilfe bei Seenotfällen.

Das GMDSS besteht aus folgenden Bestandteilen:

*   Mobiler Seefunkdienst, bestehend aus Seefunk- und Küstenfunkstellen, die mittels Sprechfunk und DSC (DSC = Digital Selektiv Call) einen Notruf auf UKW-, Grenzwellen- und Kurzwellenfrequenzen aussenden können
*   Search and Rescue Radar Transponder (SART), der ein

charakteristisches Signal auf dem Radar der Rettungskräfte anzeigt

- Emergency Position Indicating Radio Beacon (EPIRB), Notfunkbake, die teilweise auch ein mit Positionsdaten versehenes Notsignal an einen Satelliten sendet
- COSPAS/SARSAT, polumlaufende und geostationäre Satelliten zur Ortung und zum Empfang von Notmeldungen von EPIRBs
- INMARSAT, geostationäre Satelliten zur Kommunikation aller Beteiligten
- Boden- und Schiffsstationen für die Satellitensysteme
- Maritime Rescue Coordination Centres (MRCC)
- NAVTEX (Abk. für Navigational Text Messages), ein Funkfernschreibsystem, mit dem Notmeldungen, Warnungen und sonstige nautische Informationen für einzelne Seebereiche verbreitet werden.

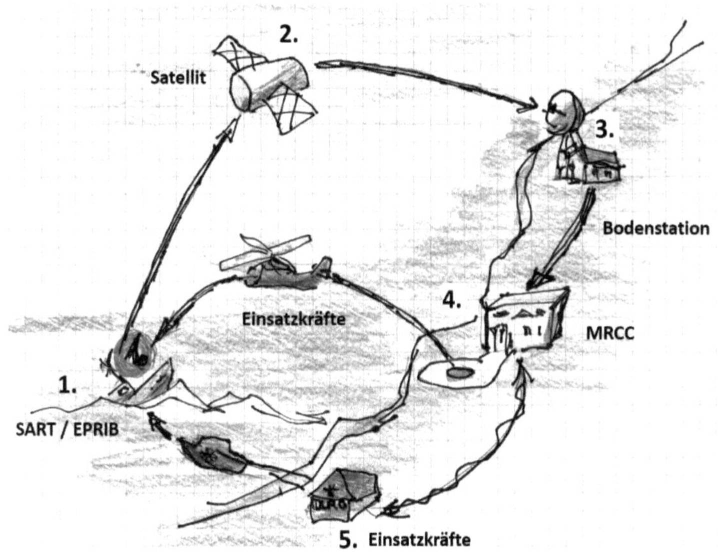

Abbildung 64, GMDSS

Search and Rescue Radar Transponder (SART)

Ein Search and Rescue Radar Transponder ist ein Gerät, das beim Auftreffen eines Radarstrahls ein Radarsignal zurückschickt und so auf dem Radarschirm ein unverwechselbares „Echo" erzeugt. Somit können Rettungskräften den Unglücksort bzw. den SART schneller finden. Die Abkürzung SART wird heute auch für die bereits erwähnten PLBs benutzt. Passender wäre eigentlich der Begriff AIS-SART (AIS = Automatic Identification System), da sie eben nicht auf Radarfrequenzen arbeiten.

In allen Rettungsmitteln, die mit SART ausgerüstet sind, befinden sich Verlängerungsstangen, die an dem Rettungsmittel befestigt werden können. Der SART wird dann auf die Verlängerungsstange geschraubt, um einen größeren Funktionsradius zu erhalten. Wie bei den meisten funktechnischen Anlagen spielt hier die Erdkrümmung eine Rolle. Man kann mit einem Radar nicht über den Horizont hinausschauen, ebenso wenig wie man das mit UKW Sprechfunk kann. Je höher sich die Antenne befindet, desto weiter ist also die Reichweite. Das gilt auch für die PLBs oder AIS-SART. Eine Ausnahme bilden theoretisch nur sehr langwellige Frequenzen die an der Atmosphäre reflektiert werden und somit auch über den Horizont hinausreichen.

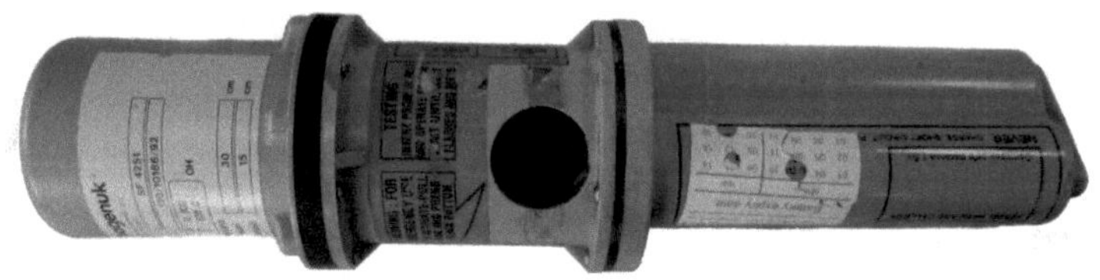

Abbildung 65, SART

Emergency Position-Indicating Radio Beacon (EPIRB)
Die EPIRB wird entweder manuell oder automatisch, z. B. durch Wasserdruck beim Sinken eines Schiffes, aktiviert. Dazu ist die EPIRB wie ein Rettungsfloß mit einem Wasserdruckauslöser auf dem Schiff befestigt und schwimmt alleine an die Oberfläche. Nach der Aktivierung sendet die EPIRB ein Alarmierungssignal auf einer oder mehreren standardisierten Notfrequenzen; bei neueren Geräten meist auf 406 MHz. Dieses Notsignal wird von Satelliten des COSPAS/SARSAT-Systems empfangen und an eine (meist unbemannte) Bodenstation weitergeleitet. Von dort aus gelangt es in das MRCC. Diese wertet das Signal aus und leitet gegebenenfalls Maßnahmen zur Suche und Rettung ein.

Zusätzlich zum Alarmierungssignal sendet die EPIRB meist noch ein Peilsignal auf 121,5 MHz aus, das die Einsatzkräfte vor Ort auf die genaue Notposition hinweist. Darüber hinaus gibt es noch EPIRBs für den unmittelbaren Küstenbereich, die über UKW ein Notsignal direkt an die nächste Küstenfunkstelle senden. Wie bereits oben beschrieben, ist deren Reichweite allerdings bis maximal zum Horizont begrenzt.

Hochwertige EPIRBs zeichnen sich durch einen integrierten GPS-Empfänger aus. Er ermöglicht es, im Notfall neben Informationen wie z. B. die Identität des Senders und die Art des Notfalls auch die eigene Position im Notsignal mitzusenden, was die für die Suche und Rettung benötigte Zeit deutlich verkürzen kann.

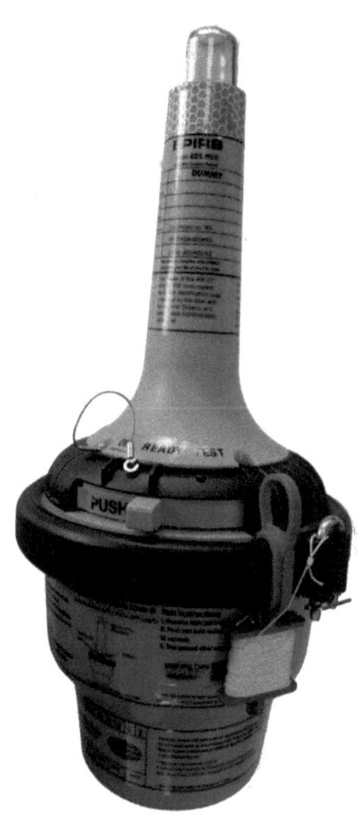

Abbildung 66, EPIRB

9. Praktisches Training

Das praktische Training soll in diesem Buch nur in den elementaren Übungen erklärt werden. Jeder Trainingsprovider wird die praktischen Übungen aufgrund seiner technischen Möglichkeiten individuell, aber nach den Vorgaben des Basic Safety Standards, gestalten. Spezielle (arbeitsplatzbezogene) Übungen und Übungen mit kundenspezifischer Ausrüstung werden im Vorwege des Trainings mit dem Auftraggeber abgesprochen. Auch das ist, ebenso wie die Anpassung an die jeweils geltende nationale Gesetzgebung, eine Grundforderung des Basic Safety Standards.

An vorderster Stelle steht bei allen praktischen Übungen die Arbeitssicherheit. Es dürfen laut Vorgabe der GWO keine Übungen ohne zusätzliche, der Übung entsprechende, Sicherheitsmaßnahmen durchgeführt werden. Grundsätzliche Vorgaben der Arbeitssicherheit, wie Arbeitsbekleidung, Sicherheitsschuhe und Helm werden für das Training vorausgesetzt. Zusätzlich hat der Trainingsprovider sich speziell um die Belange der Ersten Hilfe in seinem Haus zu kümmern und die Teilnehmer entsprechend einzuweisen. Erste-Hilfe-Material sollte stets an den jeweiligen Trainingsorten vor Ort vorgehalten werden. Es muss jederzeit die Möglichkeit der Alarmierung der Rettungskräfte bestehen.

Den Anweisungen der Trainer ist unbedingt Folge zu leisten. Sie tragen die Verantwortung für die Sicherheit und kennen die übungsspezifischen Gefahren. Medizinische oder psychologische Einschränkungen (Platzangst, Nichtschwimmer etc.) seitens der Teilnehmer müssen individuell vor den Übungen besprochen werden. Der Trainer wird dann darüber entscheiden, ob eine Teilnahme an der jeweiligen Übung möglich ist oder diese eventuell individuell abgewandelt werden kann. Sollte während der Übungen ein Problem auftreten, muss den Teilnehmern klar kommuniziert werden, wie sie sich bemerkbar machen können. Dabei ist die Mitwirkung der gesamten Gruppe gefragt. Eigenmächtige Handlungen können schwerwiegende Probleme zur Folge haben und sind deshalb unbedingt zu unterlassen. Wenn jemand spezielle Übungen oder Equipment ausprobieren möchte, kann das nur in Absprache mit dem Trainer erfolgen. Brillenträger müssen sich darauf einstellen, dass sie die Brille nicht bei allen Übungen benutzen können. Eine mögliche Lösung wäre das Tragen von Kontaktlinsen.

Mit dem Eintauchanzug werden im Wasser unter anderem folgende Übungen und Überlebenstechniken trainiert:

Abbildung 67, H.E.L.P.-Schwimmhaltung

Abbildung 68, CLINCH-Schwimmhaltung

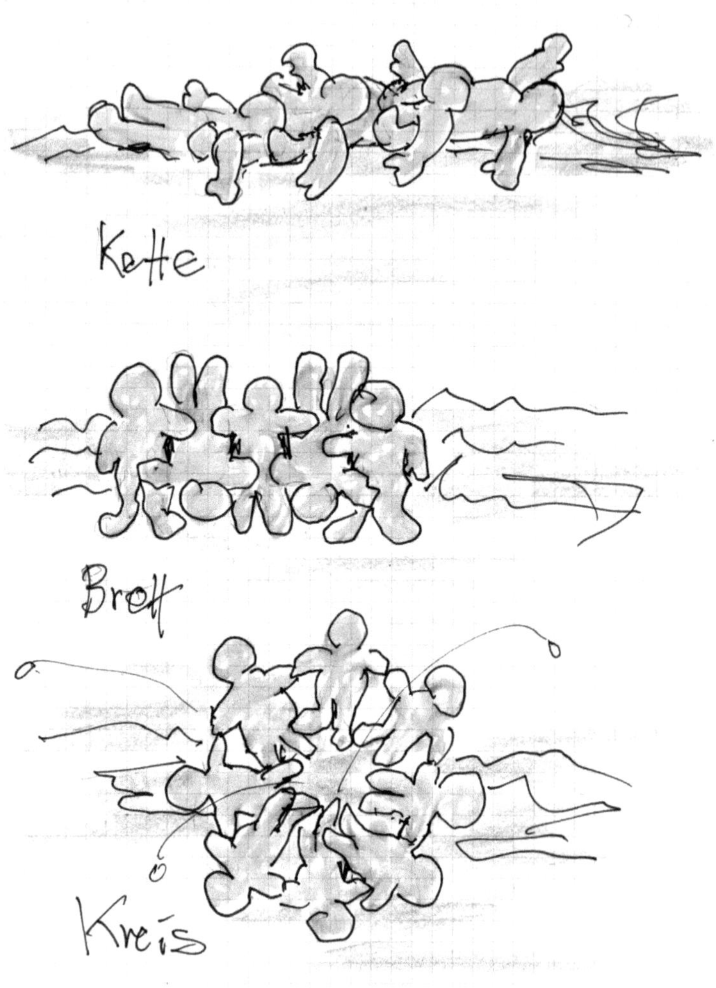

Abbildung 69, Weitere Schwimmübungen

Das Ziel der einzelnen Übungen wird von den Trainern erklärt. Sie werden vor jeder Übung den Teilnehmern das korrekte Verhalten demonstrieren.

Eine weitere Wasserübung ist das Drehen einer gekenterten Rettungsinsel. Dabei ist stets die Windrichtung und der richtige Drehpunkt zu beachten.

Abbildung 70, Drehen einer gekenterten Rettungsinsel

Im Folgenden soll noch ein grober Überblick über alle praktischen Übungen gegeben werden. Die Teilnehmer sollen nach dem Training in der Lage sein

* Die Rettungsmittel und persönliche Schutzausrüstung korrekt anzulegen und zu benutzen
* Die Gefahren bei der Evakuierung und dem Sturz ins Wasser einzuschätzen (Strömung, Wellen etc.)
* Die verschiedenen individuellen und kollektiven Überlebenstechniken im Wasser anzuwenden, um die Überlebens- und Evakuierungschancen zu erhöhen
* Eine sichere Einzel- und Doppelevakuierung von einer Offshore-Anlage ins Wasser durchzuführen und sich von dem Evakuierungssystem selbstständig zu lösen
* Ein Rettungsfloß korrekt zu benutzen, um die Überlebenschancen im Notfall auf See zu verbessern
* Sich bei der eigenen Rettung aus dem Wasser mit dem Hubschrauber und ohne fremde Hilfe korrekt zu verhalten
* Sich im Seenotfall sicher und korrekt für sich und in der Gruppe zu verhalten

Am Ende des Trainings werden die Trainer das Training mit den Teilnehmern aus- und bewerten. Dabei werden eventuell aufgetretene Probleme besprochen und die Teilnehmer erhalten ein Feedback über ihre Leistung während des Trainings. Von den Teilnehmern wird eine aktive Mitwirkung an der Auswertung erwartet.

Nach dem erfolgreichen Abschluss des Trainings wird der Trainingsprovider das durchgeführte Training in der WINDA-Datenbank dokumentieren.

ANSI	American National Standards Institute
AIS	Automatic Identification System
AIS-SART	Siehe PLB
ArbMedVV	Verordnung zur arbeitsmedizinischen Vorsorge
ArbSchG	Arbeitsschutzgesetz
ASiG	Arbeitssicherheitsgesetz
AWMF	Arbeitsgemeinschaft der Wissenschaftlichen Medizinischen Fachgesellschaften e. V.
AWZ	Ausschließliche Wirtschaftszone
BetrVG	Betriebsverfassungsgesetz
BG	Berufsgenossenschaft
BGBl	Bundesgesetzblatt
BGI	Berufsgenossenschaftliche Information
BST	Basic Safety Training
BSTR	Basic Safety Training Refresher
BTT	Basic Technical Training
CO_2	Kohlendioxid
COSPAS	Kosmitscheskaja Sistema Poiska Awarinych Sudow i Samaljotow
CTV	Crew Transfer Vessel
DGUV	Deutsche Gesetzliche Unfallversicherung
DGzRS	Deutsche Gesellschaft zur Rettung Schiffsbrüchiger e. V.
DLRG	Deutsche Lebens-Rettungs-Gesellschaft e. V.
DIN	Deutsche Industrienorm
DSC	Digital Selective Calling
EMVG	Elektromagnetische-Verträglichkeit-Gesetz
EN	Europäische Norm
EPIRB	Emergency Position Indicating Radio Beacon
EU	Europäische Union
FaSi	Fachkraft für Arbeitssicherheit
FIBC	Flexible Intermediate Bulk Container
GB	Gefährdungsbeurteilung
GFK	Glasfaserverstärkter Kunststoff
GG	Grundgesetz
GMDSS	Global Maritime Distress and Safety System
GPS	Global Positioning System

GWO	Global Wind Organisation
HUET	Helicopter Underwater Escape Training
INMARSAT	Satelliten der International Mobile Satellite Organization
IMO	International Maritime Organisation
KK	(Gesetzliche) Krankenkasse
LBO	Landesbauordnung
LSA	Life Saving Appliances
PLB	Personal Locating Beacon
PPE	Personal Protection Equipment
ProdSG	Produktsicherheitsgesetz
PSA(gA)	Persönliche Schutzausrüstung (gegen Absturz)
Mayday	Internationales Notsignal im Seefunk
MARPOL	Marine Pollution from Ships
MEDICO	Funkärztlicher Beratungsdienst
MES	Marine Evacuation Systems
MRCC	Maritime Rescue Coordination Centre
MOB	Man Over Board (Person über Bord)
NAVTEX	Navigational Text Messages
SAR	Search and Rescue
SARSAT	Search and Rescue Satellite-Aided Tracking
SART	Search and Rescue Transponder
SchSG	Schiffssicherheitsgesetz
SeeArbG	Seearbeitsgesetz
SeeAufgG	Seeaufgabengesetz
SeeAnlV	Seeanlagenverordnung
SGB	Sozialgesetzbuch
SiFA	Sicherheitsfachkraft (siehe auch FaSi)
SOLAS	Safety of Life at Sea
SRÜ	Seerechtsübereinkommen
SOS	Internationales Notsignal
STCW	Standards of Training, Certification and Watchkeeping for Seafarers
SWATH	Small Waterplane Area Twin Hull
TRBS	Technische Regeln für Betriebssicherheit
UN	United Nations
UKW	Ultrakurzwelle (engl. VHF)
WEA	Windenergieanlage
WINDA	Trainingsdatenbank der GWO